普通高等教育艺术设计类专业"十四五"系列教材

Illustrator
实用教程 精华版

许裔男　郑成阳　主　编

杨　漾　李泊蓉　副主编

U0300718

全国百佳图书出版单位

化学工业出版社

·北　京·

内 容 提 要

Illustrator是一款矢量绘制图形软件，可以帮助用户快速精准地绘制出矢量图形。全书共分为8章，包括初识Illustrator、作图前的准备、平面类标志绘制、立体特效类标志绘制、字体设计与VI设计、吉祥物与插画绘制、产品造型设计与创意特效设计的基础操作与应用案例。

本书在内容的选取上，筛选高频知识点进行深入讲解与强化练习，力求用最短的时间掌握软件的核心；在案例的选用上，以商业实际案例作为练习内容，力求做到学以致用；在章节的安排上，按照软件的功能与设计领域对工具与命令进行重新归类，使读者能够较为全面地了解设计领域的行业需求，掌握专业技能，提高对Illustrator软件综合运用的能力。

本书可作为高等院校艺术设计专业教材，也可作为设计从业人员以及爱好者的学习参考。

图书在版编目（CIP）数据

Illustrator实用教程：精华版/许裔男，郑成阳主编. —北京：化学工业出版社，2020.3（2023.5重印）

ISBN 978-7-122-36174-5

Ⅰ.①I… Ⅱ.①许…②郑… Ⅲ.①图形软件-教材 Ⅳ.①TP391.412

中国版本图书馆CIP数据核字（2020）第023394号

责任编辑：马 波 徐一丹 冯 葳　　　　装帧设计：溢思视觉设计
E-mail: isstudio@126.com
责任校对：王 静

出版发行：化学工业出版社(北京市东城区青年湖南街13号　邮政编码100011)
印　　装：北京缤索印刷有限公司
787mm×1092mm　1/16　印张 14　字数249千字 2023年5月北京第1版第2次印刷

购书咨询：010-64518888　　　　　　　　　售后服务：010-64518899
网　　址：http://www.cip.com.cn
凡购买本书，如有缺损质量问题，本社销售中心负责调换。

定　　价：69.00元

前言

Illustrator 作为 **Adobe** 公司推出的一款优秀的绘图软件，因其易用性已经广泛地应用于平面设计、插画设计、版面编排设计、产品造型设计、UI 设计等多个领域。作为创作的必备工具之一，如何快速地掌握这门软件，更好地表现出我们的创意，制作出成品是我们关注的首要问题。

本书摒弃了全面字典式的编写方式与平均的讲解方式，通过设计内容和分布章节，深入讲解核心知识点及其在相关行业中的应用技术。本书不求全面，只筛选最常用的高频知识点，并针对案例进行强化训练，目的就是帮助读者用最短的时间掌握最重要的命令，做到能够快速上手相关工作。

本书第 1 章、第 2 章由哈尔滨远东理工学院杨漾老师编写；第 3 章至第 6 章由哈尔滨远东理工学院许裔男老师编写；第 7 章由沈阳工学院郑成阳老师编写；第 8 章由哈尔滨远东理工学院李泊蓉老师编写。

书中各章介绍的案例素材、图片、电子资源上传至化学工业出版社教学资源网（**www.cipedu.com.cn**），读者可下载资源图片进行操作练习。

书稿的顺利完成得益于各位编者的辛勤工作，在这里表示感谢。同时感谢哈尔滨远东理工学院、沈阳工学院对本书的支持。本书在编写过程中参考了其他教材的编写思路，在这里一并表示感谢。能够对学习者有所帮助，是我们最大的心愿。

许裔男

目录

第1章

初识Illustrator

本章知识点：Illustrator软件简介、Illustrator软件的基本功能和应用领域。

学习目标：了解Illustrator软件的基本功能，熟悉Illustrator软件的应用领域。

在学习Illustrator软件之前，我们先要了解一下软件的功能和应用领域，有的放矢地学习能收获更好的效果。

1.1　Illustrator软件简介

数字图像分为两种类型：位图与矢量图。

位图也叫点阵图、光栅图或栅格图，由一系列像素点阵列组成。像素是构成位图图像的基本单位，每个像素都被分配一个特定的位置和颜色值。位图图像中所包含的像素越多，其分辨率越高，画面内容表现得越细腻；但文件占用的存储量也就越大。位图无限放大将造成画面的模糊与变形，如图1-1-1所示。数码相机、数码摄像机、扫描仪等设备和一些图形图像处理软件（如Photoshop、Painter）都可以生成位图。

图 1-1-1　位图

矢量图就是利用矢量描绘的图像。图中各元素的形状、大小都是借助数学公式表示的。矢量图形与分辨率无关，缩放多少倍都不会影响画质，如图1-1-2所示。能够生成矢量图的常用软件有Illustrator、CorelDraw、Flash、AutoCAD、3DS MAX、MAYA等。

图 1-1-2　矢量图

Adobe Illustrator 是一种应用于出版、多媒体和在线图像的工业标准矢量插画的软件。作为一款非常好的矢量图形处理工具，Adobe Illustrator 既可以用于印刷出版、书籍排版、专业插画、多媒体图像处理和互联网页面的制作等领域，也可以为线稿提供较高的精度和控制，适用于任何小型设计以及大型的复杂项目。

Adobe Illustrator 是 Adobe 公司推出的基于矢量图形的制作软件，最初是 1986 年为苹果公司麦金塔电脑设计开发的，1987 年 1 月正式发布，在此之前它只是 Adobe 公司内部的字体开发和 PostScript 编辑软件。1987 年，Adobe 公司推出了 Adobe Illustrator1.1 版本，后续陆续推出了多个升级版本，对软件的功能进行了大幅度提升。至今，2019 版的 Adobe Illustrator CC 为市场最新版本，如图 1-1-3 所示。全新的 CC 版本增加了可变宽度笔触、针对 Web 和移动设备的改进、多个画板、触摸式创意工具等新鲜特性。使用全新的 Illustrator CC 可以享用云端同步及快速分享服务。

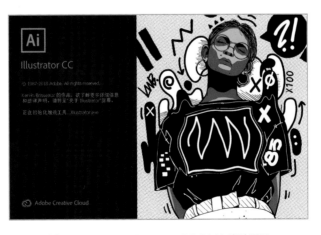

图 1-1-3　Adobe Illustrator CC 2019 启动界面

作为一款专业的矢量绘图软件，Illustrator不但具有强大的图形绘制与编辑功能，而且能够与几乎所有的平面、网页和动画软件完美结合，适合平面设计师、插画设计师、网页设计师等用它来设计制作标志、广告、海报、包装、画册、插画以及网页等。

1.2 Illustrator软件的特点

Illustrator软件最大特征在于钢笔工具的使用，使得操作简单、功能强大的矢量绘图成为可能。现在它还集成文字处理、上色等功能，在插图制作方面，印刷制品（如广告传单、小册子）设计制作方面广泛使用，事实上已经成为桌面出版（DTP）业内的默认标准。所谓的钢笔工具方法，在这个软件中就是通过"钢笔工具"设定"锚点"和"方向线"实现的。一般用户在一开始使用的时候都感到不太习惯，但是，熟练掌握以后就能够随心所欲绘制出各种直观可靠的线条，如图1-2-1所示。

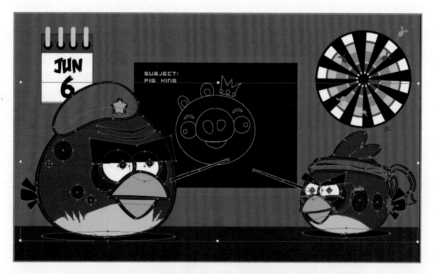

图 1-2-1　钢笔工具的使用

Illustrator的3D功能可以将2维图形创建为可编辑的3维图形，还可以添加光源、设置贴图，特别适合制作立体模型、包装立体效果图。此外还可以创建投影、发光、变形等特效，而像素化、模糊、画笔描边等效果则更是与Photoshop中相应的滤镜完全相同。通过绕转路径可以生成3D效果，如图1-2-2所示，使用投影、内发光等效果可以制作特效图案字体，如图1-2-3所示。

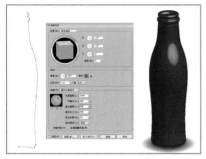

图 1-2-2 绕转路径生成 3D 效果

图 1-2-3 特效图案字体

Illustrator的渐变工具可以创建细腻的颜色渐变效果。特别是渐变网格的功能更为强大，通过网格点可以自由控制颜色的位置，甚至可以绘制出照片级的写实效果，如图1-2-4所示。

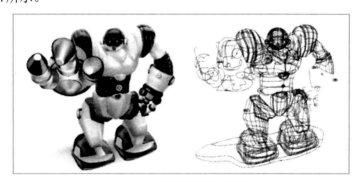

图 1-2-4 效果图及网格结构图

Illustrator的文字工具可以在一个点、一个图形区域或一条路径上创建文字，可以轻松应对排版、装帧、封面设计等任务，如图1-2-5所示。Illustrator提供了多种图表工具，如柱状图、饼状图、折线图、条形图、雷达图等。此外，还可以用自行绘制的图形转换图表中图例，使图表更加与众不同，如图1-2-6所示。

图 1-2-5 路径文字

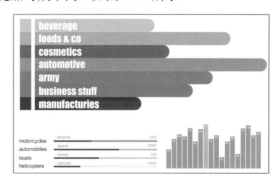

图 1-2-6 图表

Illustrator作为创意软件套装的重要组成部分，与位图处理软件Photoshop有类似的界面，并能共享一些插件和功能，实现无缝连接。同时它也可以将文件输出为Flash格式。因此，可以通过Illustrator让Adobe公司的产品与Flash连接。

1.3　Illustrator软件的应用领域

Illustrator在矢量图形绘制领域是无可替代的一个软件，利用该软件可以绘制标志、VI、广告、排版、插画等原创矢量图，也可以用来创建设计作品中使用到的一些小的矢量图形。可以这样说，只要能想象到的图形，都可以通过该软件创建出来。在平面设计、插画设计、版面编排设计、产品造型设计、UI设计等方面Illustrator的应用非常广泛。

1.3.1　平面设计

Illustrator可以应用于平面设计中的多个领域，标志设计、字体设计、海报设计、POP广告设计、封面设计等，都可以使用该软件直接创建或配合创作，如图1-3-1~图1-3-4所示。

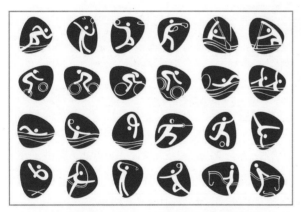

图 1-3-1　标志设计：里约奥运会部分比赛项目

图 1-3-3　海报设计

图 1-3-2　字体设计

图 1-3-4　卡片设计

1.3.2 插画设计

Illustrator软件是众多插画设计师追捧的绘图利器，利用其强大的绘图功能，不仅可以绘制出各种图形效果，还可以使用众多的图案、笔刷，实现丰富的画面效果，如图1-3-5~图1-3-8所示。

图1-3-5 插画设计（1）

图1-3-6 插画设计（2）

图1-3-7 插画设计（3）

图1-3-8 插画设计（4）

1.3.3　版面编排设计

Illustrator作为一个矢量绘图软件，同时也具有强大的文本处理和图文混排功能。它不仅可以创建各种各样的文本，也可以像其他文字处理软件一样排版大段的文字。其最大的优点是可以把文字像图形一样进行处理，创建出绚丽多彩的文字效果，如图1-3-9和图1-3-10所示。

图 1-3-9　版面编排设计（1）

图 1-3-10　版面编排设计（2）

1.3.4 产品造型设计

在产品设计领域，越来越多的设计师倾向于采用Illustrator来进行产品设计和创意效果表达，虽然Illustrator不具备3维软件的全方位表现能力，但它能快速而细致地展示设计者的创作理念，效果逼真，修改方便，大大缩短了产品开发周期，如图1-3-11和图1-3-12所示。

图 1-3-11 产品造型设计（1）

图 1-3-12 产品造型设计（2）

1.3.5　UI设计

UI设计即 User Interface(用户界面)设计的简称，是指对软件的人机交互、操作逻辑、界面美观等方面的整体设计，也叫界面设计。随着智能手机的流行，UI界面设计师已成为一种全新的职业。UI设计可使用的软件有很多，Illustrator以其丰富的符号效果及直观的编辑功能，为UI界面设计提供了强大的技术支持和创意来源，如图1-3-13和图1-3-14所示。

图 1-3-13　UI 设计（1）

图 1-3-14　UI 设计（2）

第2章

作图前的准备

本章知识点：Illustrator软件的文档操作、视图操作与视图模式、撤销操作。

学习目标：熟练掌握Illustrator文档的基本操作、视图操作与视图模式以及操作的撤销与恢复。

作图前了解软件的基本操作，是学习图形设计的第一步。熟悉文档操作、视图操作与视图模式、操作的撤销与恢复等操作，对Illustrator的初学者来说是必不可少的。初学者可以通过案例进行巩固提高，为深入学习后续内容打下良好基础。

2.1　文档操作

文档操作主要包括文件的新建、打开、界面布局、存储、置入、导出和修改画板等操作。

2.1.1　基础操作步骤

（1）新建文件

在Illustrator中，使用菜单栏中的"文件 > 新建"命令或快捷键Ctrl+N，弹出"新建文档"对话框，如图2-1-1所示。

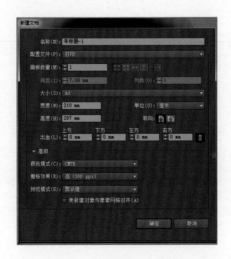

图 2-1-1　"新建文档"对话框

【名称】可以在该文本框中输入新建的文件名称，默认状态下为"未标题-1"。

【配置文件】选择系统预定的不同尺寸类别。

【画板数量】定义视图中画板的数量。当创建2个或2个以上的画板时，可定义画板在视图中的排列方式、间隔距离等。

【大小】可以在下拉列表中选择软件已经预置好的页面尺寸，也可以在"宽度"和"高度"文本框中自定义文件尺寸。

【单位】在下拉列表中选择文档的度量单位，默认状态下为"毫米"。

【取向】用于设置新建页面是竖向排列还是横向排列。

【出血】可设置出血参数值。当数值不为0时，可在创建文档的同时，在画板四周显示设置的出血范围。

【颜色模式】用于设置新建文件的颜色模式。

【栅格效果】为文档中的栅格效果指定分辨率。

【预览模式】为文档设置默认预览模式，可以使用"视图"菜单更改此选项。

（2）打开文件

在Illustrator软件中，使用菜单栏中的"文件 > 打开"命令或快捷键Ctrl+O，弹出"打开"对话框，如图2-1-2所示，在【查找范围】下拉列表框中选择要打开的文件所在的文件夹，选中相应文件，即可打开文件。

图 2-1-2 "打开"对话框

（3）界面布局

新建或打开一个文档后，我们可以看到软件的界面布局。菜单栏是对于命令的分类集成；工具栏汇集了基本工具与图形的填色、描边按钮；调板组提供了一些命令的调板，在窗口菜单下可以调出，如图2-1-3所示。

图 2-1-3　软件界面布局

（4）存储文件

当第一次保存文件时，执行"文件 > 存储"命令或快捷键Ctrl+S，弹出"存储为"对话框。在对话框中输入要保存文件的名称，设置保存文件的位置和类型，Adobe Illustrator（.ai）格式为软件自身附带的可修改的源文件格式，如图2-1-4所示。设置完成后，单击【保存】按钮，即可保存文件。

图 2-1-4　"存储为"对话框

（5）置入文件

使用菜单栏中的"文件 > 置入"命令，弹出"置入"对话框，如图2-1-5所示。在对话框中，选择要置入的文件，单击【置入】按钮即可将选取的文件置入页面中。

"置入"命令可将多种格式的图形、图像文件置入Illustrator软件中，可以置入嵌入或链接形式的文件，也可以置入模板文件。

【链接】选中此项，置入的图形或图像文件与文档保持独立，最终生成的文件不会太大。当链接的原文件被修改或编辑时，置入的链接文件也会自动修改更新。默认状态下此选项处于被选择状态。在置入文件时，若不选中此选项，置入的文件会嵌入到Illustrator软件中，生成一个较大的文件，并且当链接的文件被编辑或修改时，置入的文件不会自动更新。

【替换】在置入图形或图像文件之前，页面中如果有被选取的图形或图像，置入文件将替换被选取的图形或图像。页面中如果没有被选取的图形或图像文件，此选项不可用。

图2-1-5 "置入"对话框

（6）导出文件

"导出"命令可以将在软件中绘制的图形导出为多种格式的文件，以便在其他软件中打开并进行编辑处理。使用菜单命令"文件 > 导出"，在"导出"对话框的【保存类型】下拉列表中可以设置导出的文件格式，如图2-1-6所示。

图 2-1-6　"导出"对话框

如果想要存储为JPEG格式，使用"导出"命令，选择保存类型为JPEG，如图 2-1-6所示，并勾选【使用画板】选项（导出图片的边缘为画板边缘，否则为路径最外边缘），如图2-1-7所示。单击【保存】后，在弹出的对话框中设置相应的参数，注意设置导出的分辨率，完成导出操作，如图2-1-8所示。

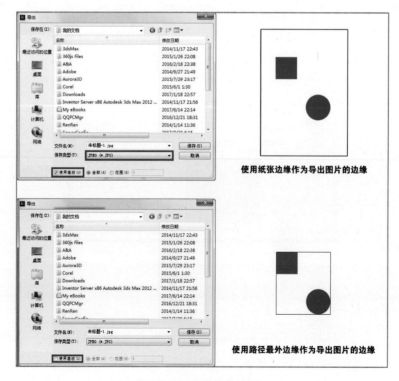

图 2-1-7　设置图片边缘

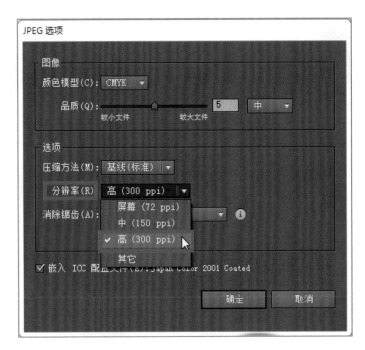

图 2-1-8　"JPEG 选项"设置

2.1.2　修改文档

新建或打开一个文件后，若要修改画板尺寸，使用工具栏底端的"画板工具"或快捷键Shift+O，可以出现图2-1-9的效果。此时单击回车键，会出现如图2-1-10所示的"画板选项"对话框，可以调整预设画板的宽度和高度。也可以通过拖动外框手动调整画板的宽度和高度，如图2-1-11所示。

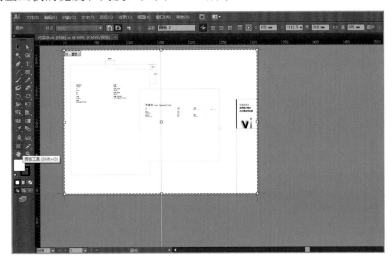

图 2-1-9　画板工具

图 2-1-10 "画板选项"对话框

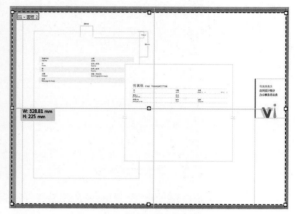

图 2-1-11 手动调整画板尺寸

2.2 视图模式与视图操作

Illustrator软件中和视图相关的操作，主要包括不同的屏幕显示方式，以及相关的缩放、移动操作等。

2.2.1 视图模式

用Illustrator软件绘制图像时可以选择不同的视图模式。执行菜单命令"视图 > 轮廓"或快捷键Ctrl+Y，可以在预览与轮廓模式间切换。在轮廓模式下，视图将显示为简单的线条状态，隐藏图像的颜色信息，显示和刷新的速度将比较快，如图2-2-1所示。可以根据需要单独查看轮廓线，节省运算速度，提高工作效率。

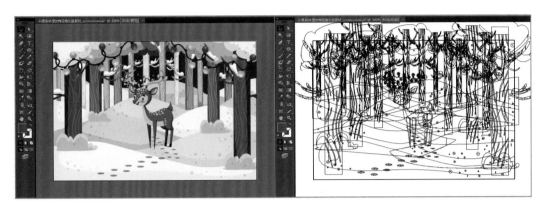

图 2-2-1　预览与轮廓模式

2.2.2　视图操作

视图操作主要指的是视图的缩小与放大之后对视图的移动。

（1）视图缩放

"缩放工具"用于改变图像的显示比例，默认为放大。每单击一次"缩放工具"，图像按一定比例放大。按住 Alt 可以在放大与缩小功能间切换，此操作的快捷键为 Ctrl++ 与 Ctrl+-。

另外，"缩放工具"还具有框选放大的功能。按住鼠标左键拖动框选要放大的区域，松开左键该区域即可放大到整个图像窗口。

（2）视图移动

"抓手工具"用于移动放大之后的视图。当我们按下"抓手工具"后，光标变成一个小手，这时我们就可以移动放大后的图像来观察局部细节。在使用其他工具时按住空格键也可以临时切换成"抓手工具"。

2.3　撤销与恢复操作

执行"编辑 > 还原"命令或快捷键 Ctrl+Z，可以进行撤销操作。

执行"编辑 > 重做"命令或快捷键 Shift+Ctrl+Z，可以恢复操作。

第3章

平面类标志绘制

本章知识点：画线工具、画形工具、选择工具、变换工具等。

学习目标：掌握平面类标志的绘制方法。

绘图是Illustrator的核心功能，也是制作标志等设计作品的基础。本章将深入讲解画线、画形、钢笔、路径查找器、变换等工具的用法以及其在平面标志作品中的应用。通过本章的学习，读者可以轻松掌握这类标志的绘制方法与技巧。

3.1　几何形标志

几何形标志在日常生活中是最常见的，我们主要通过画形工具创建基本形，再通过路径查找器调板对其进行加减的运算操作生成更加复杂的外形。

3.1.1　画线与画形工具组

两个工具组包含了很多命令，主要用于创建各种规则的线与形，在工具组上按住鼠标左键停留几秒钟就会展开该组所有的工具。

"画线工具组"包括直线、弧线、螺旋线、矩形网格、极坐标网格工具。"画形工具组"包括矩形、圆角矩形、圆形、多边形、星形等。

工具的用法都是一致的，主要有两种，一是选择相应的工具后，按住鼠标左键拖动鼠标即可任意创建；二是选择相应工具后左键单击画面，在弹出对话框中设置数值进行精确绘制。

（1）拖动鼠标任意绘制

选择相应工具按住鼠标左键拖动鼠标即可绘制。在创建画线工具组过程中，绘制弧线工具时按住上、下键可控制弧度；螺旋线按住上、下键可增减段数；矩形网格按住上、下键可增减行，按住左、右键可增减列；极坐标网格工具按住上、下键可增减同心圆，按住左、右键可增减分隔线，如图3-1-1所示。在创建画形工具组过程中，绘制圆角矩形时按住上、下键可控制圆角半径，按住左、右键可控制圆角极值（直角与最圆角）；多边形按住上、下键可增减边数；星形按住上、下键可增减角点数，按住Ctrl可移动角点位置（即改变半径），如图3-1-2所示。

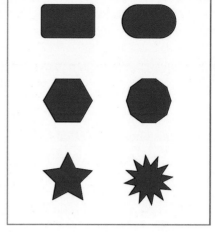

图 3-1-1　创建画线工具组　　　　图 3-1-2　创建画形工具组

（2）单击画面精确绘制

选择相应工具左键单击画面，填充数值进行精确绘制。如图3-1-3与图3-1-4所示，分别是螺旋线与圆角矩形参数。

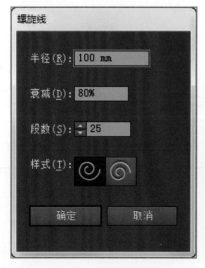
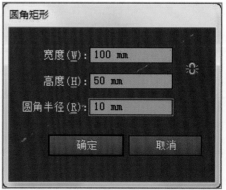

图 3-1-3　设置螺旋线参数　　　　图 3-1-4　设置圆角矩形参数

3.1.2　选择工具组

线形与图形绘制完成后，如果想要进行选择、移动或者局部编辑等操作，就要用到选择工具组了。

（1）选择工具

"选择工具"，快捷键是V，可以对对象进行选择和移动，以及最基本的旋转与缩放等变换操作。

鼠标左键点选或按住左键框选均可选中对象（点选时需按住有色部分或路径中心点，被选中的对象的外边缘为显示定界框状态）。选中对象后，即可进行移动、旋转（鼠标放在外面）、缩放（鼠标放在边或角点上）等操作，如图3-1-5所示。

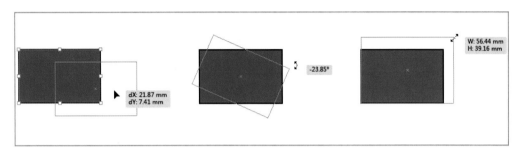

图 3-1-5 移动，旋转和缩放

（2）直接选择工具

"直接选择工具"，快捷键是A，可以对具体的路径进行选择与移动。

在非选择状态下，鼠标左键点选或按住左键框选单独锚点与路径片段（被选中的锚点为实心显示），即可进行移动从而改变对象的形状，如图3-1-6所示。

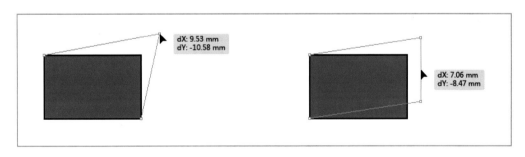

图 3-1-6 移动并改变对象形状

"直接选择工具"还可以编辑组内的对象。若对象为群组对象，可以在没有解组的前提下选中并移动编辑组内的对象。

使用"选择工具"选中多个对象，执行菜单命令"对象 > 编组"或使用快捷键Ctrl+G，即可对多个对象进行编组（判断是否编组只需要再次用选择工具单击，如果显示为一个控制框则是编组对象）。想要选择组内的单独对象，需要使用菜单命令"对象 > 取消编组"或快捷键Ctrl+Shift+G解组，或者使用"直接选择工具"进行选择，如图3-1-7所示。

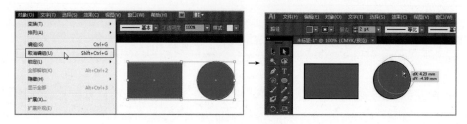

图 3-1-7　"取消编组"操作

3.1.3　对齐与路径查找器调板

基本形创建完成后，我们可能需要重新定义几个图形的位置关系，或者利用已有形通过加减操作生成更加复杂的形。这就需要我们使用对齐和路径查找器调板对已经绘制好的图形进行编辑。

（1）对齐调板

"对齐调板"用于对齐与平均分布所选对象，执行菜单命令"窗口 > 对齐与分布"或快捷键Shift+F7即可调出对齐调板。

【对齐对象】按照特征点（左右顶底中心）对齐所选对象，如图3-1-8和图3-1-9所示。

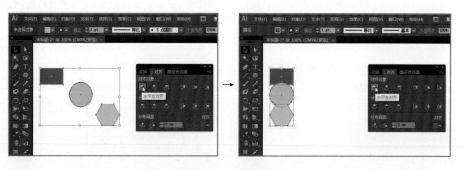

图 3-1-8　水平左对齐

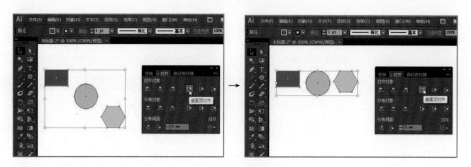

图 3-1-9　垂直顶对齐

【分布对象】按照特征点（左右顶底中心）平均分布所选对象，如图3-1-10和图3-1-11所示。

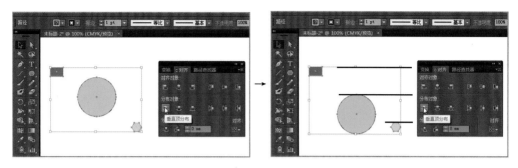

图 3-1-10　垂直顶分布

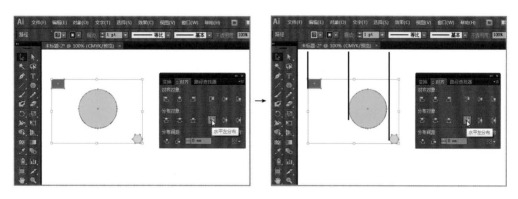

图 3-1-11　水平左分布

【分布间距】平均分布对象之间的间距，如图3-1-12所示。

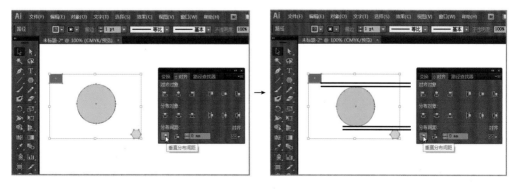

图 3-1-12　垂直分布间距

除以上三种方法外，还有以非特征对象为基准的对齐与分布对象的方法。

选中参与分布的所有对象，单击其一作为基准（基准对象为边框显示），执行对齐或分布，如图3-1-13所示，以中间形为基准进行左对齐。

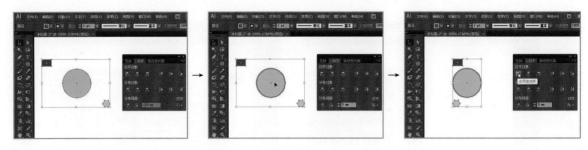

图 3-1-13 以中间形为基准进行左对齐

（2）路径查找器调板

"路径查找器调板"用于路径的加减运算，可以利用已经绘制好的基本形生成更加复杂的形。执行菜单命令"窗口 > 路径查找器"或快捷键Ctrl+Shift+F9，即可调出路径查找器调板。

【形状模式】应用后直接显示结果，包括联集、相减、交集、差集四种组合模式，如图3-1-14所示。

联集：所有对象加到一起。

相减：上层多个对象减去最底层的一个（执行后，上层多个对象消失）。

交集：所有对象共有的部分保留。

差集：两两相交的部分镂空，其他保留。

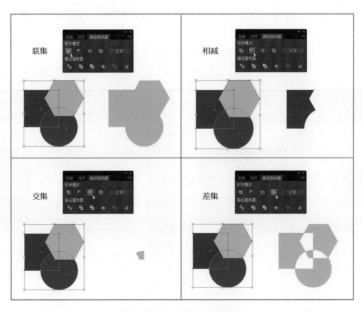

图 3-1-14 四种形状模式

【路径查找器】应用后默认为编组状态，执行之后需要解组，有分割和修边两种形式。

分割：所有路径线分割成各自独立的图形，如图3-1-15所示。

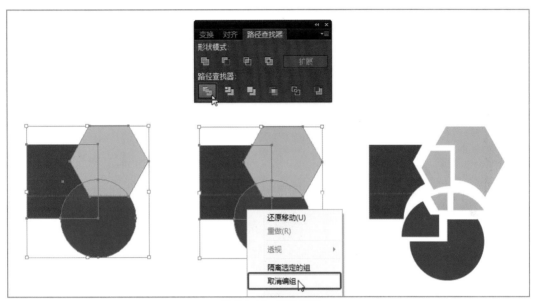

图 3-1-15 图形分割

修边：上层对象对下层对象做减法，上层对象保留，如图3-1-16所示。

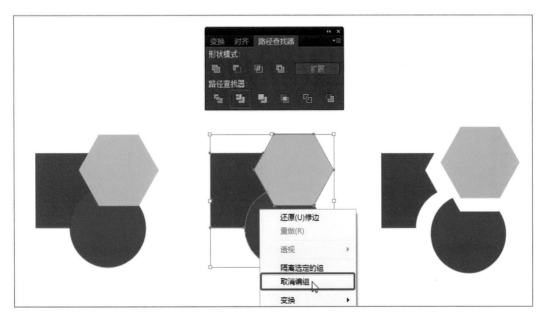

图 3-1-16 图形修边

【案例】

【案例1】绘制"中国银行"标志

（1）使用菜单命令"文件 > 新建"或快捷键Ctrl+N，建立一个A4大小的文档。使用菜单命令"文件 > 置入"置入标志图片。使用"选择工具"或快捷键V选择图片，按住Shift拖角进行等比缩放，调整其在文档中的大小与位置。在选项栏将其不透明度设为10%作为绘图的参考。使用菜单命令"对象 > 锁定"或快捷键Ctrl+2固定其位置，如图3-1-17所示。

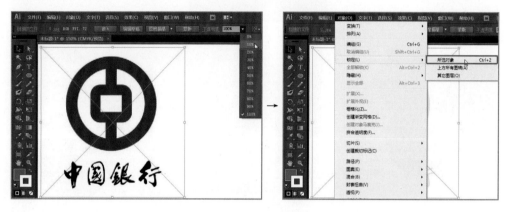

图 3-1-17　绘制银行标志步骤（1）

（2）使用"椭圆工具"或快捷键L，按住左键拖动鼠标（同时按Shift保证等比）绘制外圈正圆。在拖动鼠标创建图形的过程中，加按空格键可以临时切换成移动功能来控制图形的位置。在选项栏调节大圆的不透明度为50%，如图3-1-18所示。

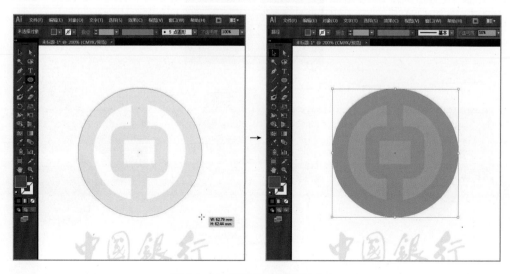

图 3-1-18　绘制银行标志步骤（2）

（3）选择大圆，依次使用菜单命令"编辑 > 复制""编辑 > 贴在前面"或快捷键Ctrl+C、Ctrl+F，在其上面原位复制出一个大圆。默认复制出的大圆处于选择状态，按住Alt+Shift拖角进行中心点等比缩放，制作内圈小圆，如图3-1-19所示。

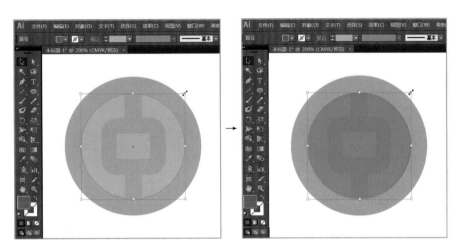

图 3-1-19　绘制银行标志步骤（3）

（4）选择大圆与小圆，执行菜单命令"窗口 > 路径查找器"或快捷键Ctrl+Shift+F9，选择调板中的【相减】选项，根据此命令上层对象减去下层对象的原理，生成外环，如图3-1-20所示。

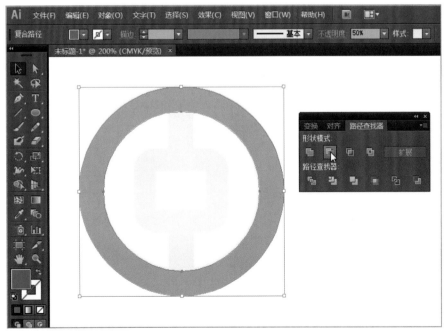

图 3-1-20　绘制银行标志步骤（4）

（5）使用"圆角矩形工具"，按住左键拖动鼠标绘制图形，创建的同时按上、下键调节圆角大小，使其与参考图像的圆角相匹配。在选项栏调节圆角矩形的不透明度为50%，如图3-1-21所示。

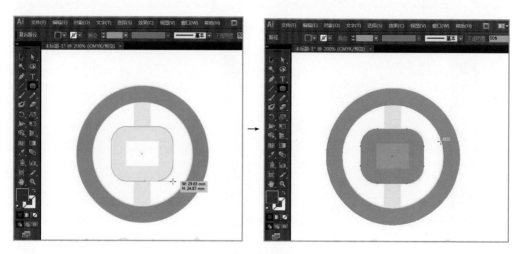

图 3-1-21　绘制银行标志步骤（5）

（6）使用"圆角矩形工具"用同样的方法绘制内圈圆角矩形（注意圆角大小的不同）。将两个圆角矩形选中，执行菜单命令"窗口＞对齐"或快捷键Shift+F7，选择调板中的【水平中心对齐】与【垂直中心对齐】选项，将两个图形中心对齐，如图3-1-22所示。

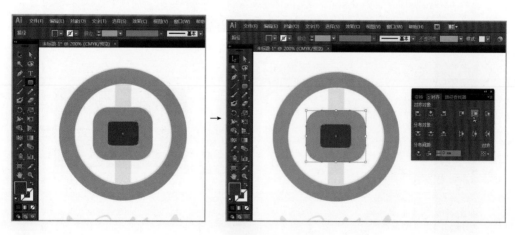

图 3-1-22　绘制银行标志步骤（6）

（7）执行菜单命令"窗口＞路径查找器"，选择调板中的【相减】选项，生成口字形，如图3-1-23所示。

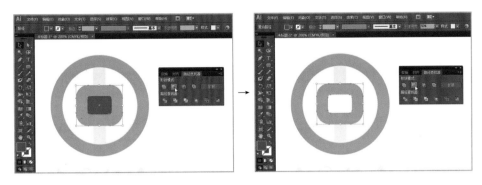

图 3-1-23　绘制银行标志步骤（7）

（8）使用"矩形工具"或快捷键M，按住左键拖动鼠标绘制竖条。选择竖条并按住Alt进行移动，复制生成下方竖条，如图3-1-24所示。

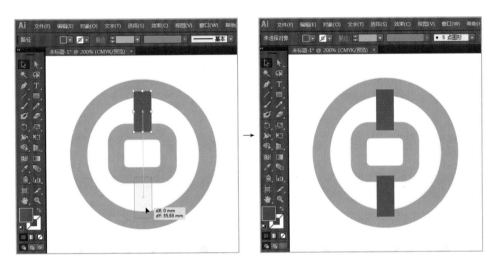

图 3-1-24　绘制银行标志步骤（8）

（9）选择所有图形，执行菜单命令"窗口 > 对齐"，选择调板中的【水平中心对齐】选项。再选择环形与口字形，执行【垂直中心对齐】选项，如图3-1-25所示。

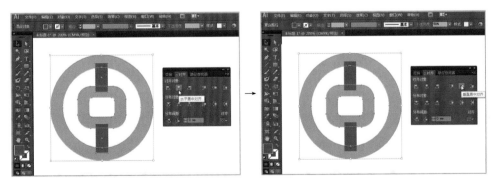

图 3-1-25　绘制银行标志步骤（9）

（10）选择所有图形，执行菜单命令"窗口 > 路径查找器"，选择调板中的【相加】选项，生成最终图形，如图3-1-26所示。

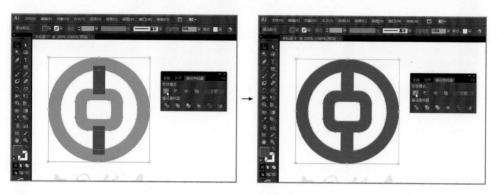

图 3-1-26　绘制银行标志步骤（10）

【案例2】绘制"PILADESA轻工业"标志

（1）使用菜单命令"文件 > 新建"或快捷键Ctrl+N，建立一个A4大小的文档。使用菜单命令"文件 > 置入"置入标志图片。使用"选择工具"或快捷键V选择图片，按住Shift拖角进行等比缩放，调整其在文档中的大小与位置。在选项栏将其不透明度设为10%作为绘图的参考。使用菜单命令"对象 > 锁定"或快捷键Ctrl+2固定其位置，如图3-1-27所示。

图 3-1-27　绘制轻工业标志步骤（1）

（2）使用"矩形工具"或快捷键M，按住左键拖动鼠标（同时按住Shift保证等比缩放）绘制正方形。在拖动鼠标创建图形的过程中，加按空格键可以临时切换成移动功能来控制图形的位置。在选项栏调节正方形的不透明度为50%。选择正方形，按住Shift顺时针旋转45°，按住Shift拖角进行等比缩放使其大小与原图像相匹配，如图3-1-28所示。

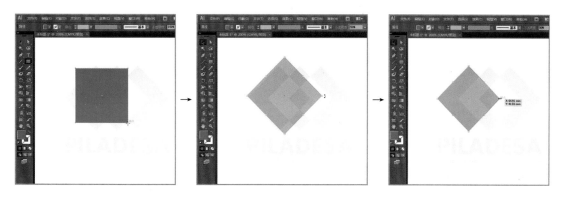

图 3-1-28　绘制轻工业标志步骤（2）

（3）选择图形，按住 Alt 移动进行复制（加按 Shift 保持水平方向），使用 Ctrl+D 再次执行命令，共复制出两个图形，如图 3-1-29 所示。

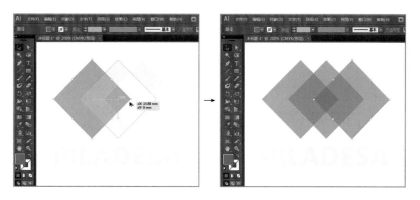

图 3-1-29　绘制轻工业标志步骤（3）

（4）选择所有图形，执行菜单命令"窗口 > 路径查找器"或快捷键 Ctrl+Shift+F9，选择调板中的【差集】选项，根据此命令重叠镂空的原理，生成最终形，如图 3-1-30 所示。

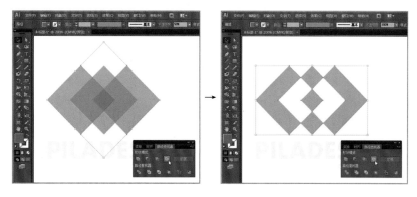

图 3-1-30　绘制轻工业标志步骤（4）

（5）在选项栏调节最终形的不透明度为100%，绘制完成，如图3-1-31所示。

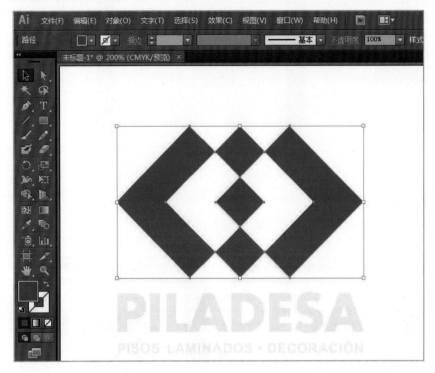

图 3-1-31　绘制轻工业标志步骤（5）

【案例3】绘制"汇丰集团"标志

（1）使用菜单命令"文件 > 新建"或快捷键Ctrl+N，建立一个A4大小的文档。使用菜单命令"文件 > 置入"置入标志图片。使用"选择工具"或快捷键V选择图片，按住Shift拖角进行等比缩放，调整其在文档中的大小与位置。在选项栏将其不透明度设为10%作为绘图的参考。使用菜单命令"对象 > 锁定"或快捷键Ctrl+2固定其位置，如图3-1-32所示。

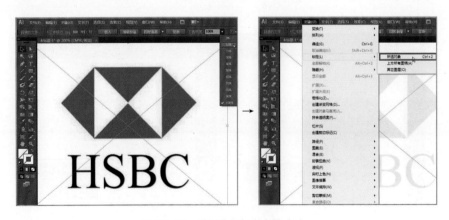

图 3-1-32　绘制集团标志步骤（1）

（2）使用"矩形工具"或快捷键M，按住左键拖动鼠标（同时按住Shift保证等比缩放）绘制正方形。在拖动鼠标创建图形的过程中，加按空格键可以临时切换成移动功能来控制图形的位置。在选项栏调节正方形的不透明度为50%，如图3-1-33所示。

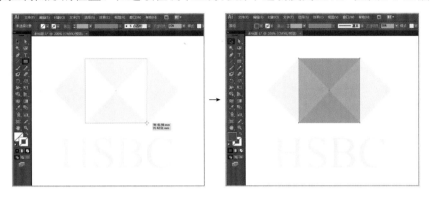

图 3-1-33　绘制集团标志步骤（2）

（3）使用"直线段工具"或快捷键\，使用菜单命令"视图 > 智能参考线"，捕捉矩形的对角点作为起点与终点绘制两条交叉直线，如图3-1-34所示。

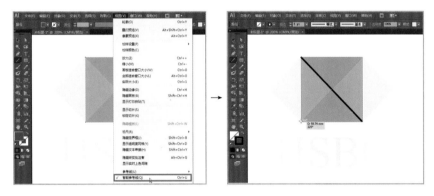

图 3-1-34　绘制集团标志步骤（3）

（4）选择矩形与交叉线，执行菜单命令"窗口 > 路径查找器"或快捷键Ctrl+Shift+F9，选择调板中的【分割】选项，如图3-1-35所示。

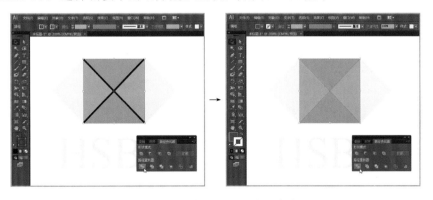

图 3-1-35　绘制集团标志步骤（4）

（5）右键取消编组，然后再使用"选择工具"分别选择分割生成的左、右两个三角形向两边方向移动，生成最终形，如图3-1-36所示。

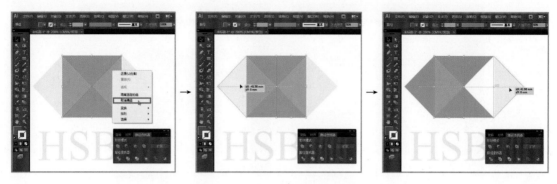

图 3-1-36　绘制集团标志步骤（5）

（6）在选项栏调节最终形的不透明度为100%，绘制完成，如图3-1-37所示。

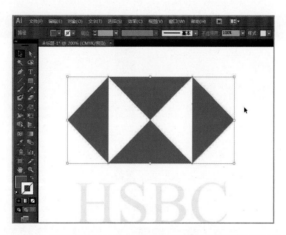

图 3-1-37　绘制集团标志步骤（6）

3.2　异形标志

除了几何形标志，Illustrator还可以绘制很多异形标志。对于异形标志，我们主要通过"钢笔工具"绘制完成。绘制时"钢笔工具"可以在直线和曲线之间进行任意转换，对于不规则线形也能够做到很好的控制。

3.2.1　路径的相关知识

在工具栏中选择"钢笔工具组"，"钢笔工具组"包括钢笔工具、添加锚点工具、删除锚点工具、转换点工具，快捷键是P。Illustrator的"钢笔工具"和Photoshop的"钢笔工具"使用方法类似，创建完封闭路径后，可以通过双击工具栏底部的【填充与描边】对路径的内部与外轮廓进行上色。

使用"钢笔工具"创建的点叫作锚点，由锚点连接的线段叫作路径片段。选中的锚点为实心状态，未选中的为空心状态。锚点又可分为平滑锚点和转角曲线点等，取决于创建方法与其性质。Illustrator是通过调整方向线的长度与角度来改变曲线的形态，如图3-2-1所示。

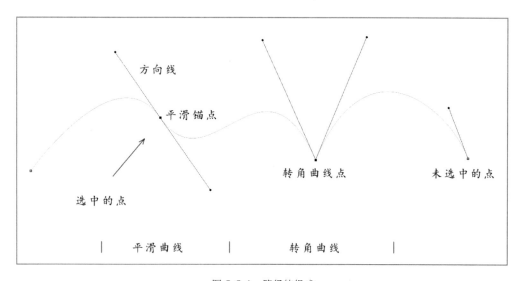

图 3-2-1　路径的组成

3.2.2　路径的分类与画法

根据路径的形态，我们可以把它分为直线、平滑曲线、转角曲线三类。不同类型的路径有不同的创建方法。

直线：连续单击鼠标左键，两点连线，用于创建多边形路径。

平滑曲线：按住鼠标左键拖动出方向线，方向线的长度决定了曲线的长度，方向线的角度决定了曲线的方向。我们可以通过控制方向线的长度与角度确定曲线的形态，创建完成后可以切换到"直接选择工具"进行修改。"直接选择工具"可修改锚点的位置并通过改变方向线的长度与角度来修改路径的长短与方向。如果我们先点击"直接选择工具"再点击"钢笔工具"，使用"钢笔工具"过程中按住Ctrl键可以临时切换为"直接选择工具"，如图3-2-2所示。

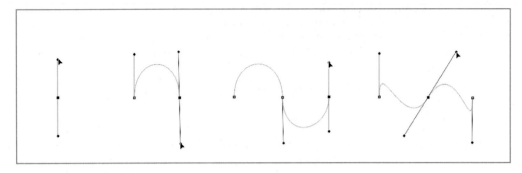

图 3-2-2　创建平滑曲线

转角曲线：按住鼠标左键拖动出方向线，并切换到"转换点工具"，可以转换方向线的角度，从而改变曲线的方向。使用"钢笔工具"过程中下按住Alt键可以临时切换为"转换点工具"，在平滑点与转角点之间进行转化（在转换点工具下，拖动鼠标可将锚点转化为平滑点，移动鼠标可将锚点转化为转角点），如图3-2-3所示。

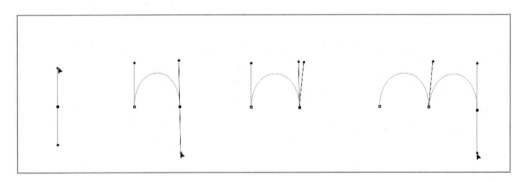

图 3-2-3　创建转角曲线

"钢笔工具"也可以用于替代其他工具。选择"钢笔工具"，这时在路径线上"钢笔工具"会自动变成"加点工具"，在路径点上会变成"减点工具"。 如果我们先点击"直接选择工具"再点击"钢笔工具"，按住Ctrl会临时切换为"直接选择工具"（如果先点击"选择工具"再点击"钢笔工具"，按住Ctrl会临时切换为"选择工具"，对对象整体进行选择和变换），按住Alt会临时改为"转换点工具"。

【案例】

【案例】绘制"英伟达人工智能计算公司"标志

（1）使用菜单命令"文件 > 新建"或快捷键Ctrl+N，建立一个A4大小的文档。使用菜单命令"文件 > 置入"置入标志图片。使用"选择工具"或快捷键V选择图片，按住Shift拖角进行等比缩放，调整其在文档中的大小与位置。使用菜单命令"对象 > 锁定"或快捷键Ctrl+2固定其位置，如图3-2-4所示。

图 3-2-4　绘制英伟达公司标志步骤（1）

（2）将填充色取消，描边颜色设为黑色。使用"钢笔工具"或快捷键 P（为了便于修改，在选择钢笔之前先点击"直接选择工具"），按住左键拖动鼠标绘制曲线，如图 3-2-5 所示。

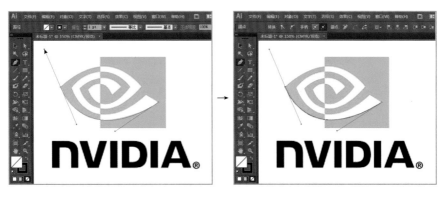

图 3-2-5　绘制英伟达公司标志步骤（2）

（3）在"钢笔工具"模式下按住 Alt 键变为"转换点工具"对手柄进行转向（将平滑点转换为转角点），继续在下一点按住左键拖动鼠标绘制曲线，如图 3-2-6 所示。

图 3-2-6　绘制英伟达公司标志步骤（3）

（4）用同样的方法绘制其余的线形，在最后闭合时候按住Alt点击起点进行转角点的闭合，完成线形绘制，如图3-2-7所示。

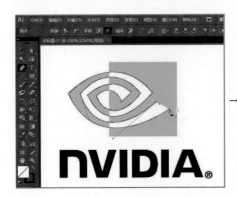

图 3-2-7　绘制英伟达公司标志步骤（4）

（5）使用"吸管工具"对绘制好的路径进行上色，如图3-2-8所示。

图 3-2-8　绘制英伟达公司标志步骤（5）

（6）使用"矩形工具"或快捷键M，按住左键拖动鼠标绘制矩形，如图3-2-9所示。

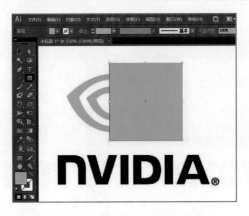

图 3-2-9　绘制英伟达公司标志步骤（6）

（7）选择螺旋形和矩形，执行菜单命令"窗口＞路径查找器"或快捷键Ctrl+Shift+F9中的【差集】选项，完成绘制，如图3-2-10所示。

图 3-2-10　绘制英伟达公司标志步骤（7）

3.3　群化形标志

除了几何形与异形标志，我们经常会遇到一些由单元形重复或变换生成的群化形标志。绘制完单元形以后，我们主要通过旋转、镜像、缩放、自由变换等变换工具生成最终的效果。

3.3.1　旋转、镜像工具

绘制图形完成后，我们不可避免地要对其进行旋转、缩放等变换操作，之前我们使用选择工具可以对已有对象进行大体旋转与缩放，但是要精确进行变换，就要用到旋转、缩放等工具了。

旋转工具的快捷键是R，镜像工具的快捷键是O。旋转与镜像工具的用法是一致的，主要有两种用法，一是选择对象后，鼠标左键双击工具进行自身中心点操作；二是在选择对象后，按住Alt用鼠标左键点击画面中的一点，以这一指定点进行操作。

（1）自身中心点操作

选择绘制好的图形，鼠标左键双击旋转或镜像工具，在弹出的对话框中输入角度或选择镜像轴，会以图形的中心点进行旋转或镜像。如果按住Ctrl+D会再一次执行上一步的操作，可以在执行完一个变换命令后多次按Ctrl+D重复执行。如图3-3-1和图3-3-2所示，分别为以自身中心点操作旋转和镜像命令的效果。

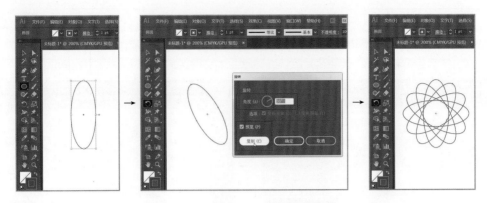

图 3-3-1　以自身中心点操作旋转命令

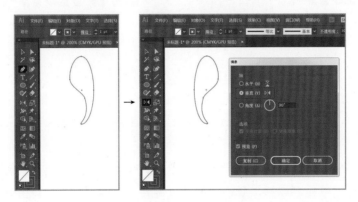

图 3-3-2　以自身中心点操作镜像命令

（2）指定点操作

选择绘制好的图形，切换为旋转或镜像工具，按住 **Alt** 在画面中任一点点击鼠标左键，在弹出的对话框中输入角度或选择镜像轴，以点击的这一点作为中心进行指定点的操作。如图**3-3-3**和图**3-3-4**所示，分别为以指定点操作旋转和镜像命令的效果。

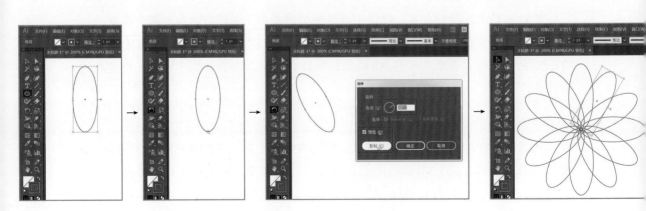

图 3-3-3　以指定点操作旋转命令

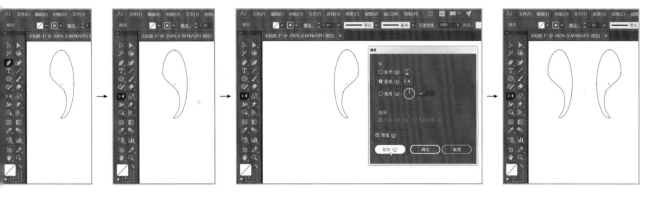

图 3-3-4　以指定点操作镜像命令

3.3.2　缩放、倾斜工具

"缩放工具"的快捷键是 S。

"缩放工具"与"倾斜工具"的用法和旋转与镜像工具的用法完全一样。主要有两种用法，一是选择对象后，鼠标左键双击工具进行中心点操作；二是在选择对象后，按住 Alt 用鼠标左键点击画面中的一点，以这一指定点进行操作。唯一的区别在于缩放的选项里有等比和非等比两个选项，如图 3-3-5 和图 3-3-6 所示，为双击缩放工具进行中心点操作的等比和非等比效果。

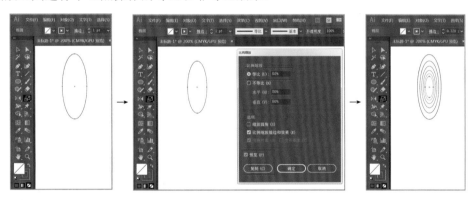

图 3-3-5　等比效果

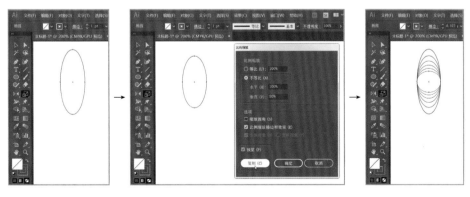

图 3-3-6　非等比效果

3.3.3　自由变换工具

"自由变换工具"的快捷键是E。自由变换工具和PS里的自由变换命令类似，除了可以进行基本的旋转与缩放外，还可以进行扭曲、倾斜、透视变形。

选择对象，切到"自由变换工具"，拖动角点后按住Ctrl是扭曲操作，拖动边缘后按住Ctrl是倾斜操作，拖动角点后按住Ctrl+Shift+Alt是透视操作。这里需要注意的一点是，进行变形时，必须要先拖动角点或边缘再按键，如图3-3-7所示各种变形效果。

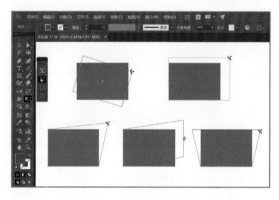

图 3-3-7　各种变形效果

【案例】

【案例1】绘制"英国石油公司"标志

（1）使用菜单命令"文件 > 新建"或快捷键Ctrl+N，建立一个A4大小的文档。使用菜单命令"文件 > 置入"置入标志图片。使用"选择工具"或快捷键V选择图片，按住Shift拖角进行等比缩放，调整其在文档中的大小与位置。在选项栏将其不透明度设为10%作为绘图的参考。使用菜单命令"对象 > 锁定"或快捷键Ctrl+2固定其位置，如图3-3-8所示。

图 3-3-8　绘制石油公司标志步骤（1）

（2）使用菜单命令"视图＞标尺"或快捷键Ctrl+R调出标尺，从标尺拖出横纵参考线来确定标志的中心位置，如图3-3-9所示。

图3-3-9　绘制石油公司标志步骤（2）

（3）使用"椭圆工具"或快捷键L，按住左键拖动鼠标绘制椭圆。在创建图形的过程中，加按空格键可以临时切换成移动功能来控制图形的位置。在选项栏调节椭圆的不透明度为50%，如图3-3-10所示。

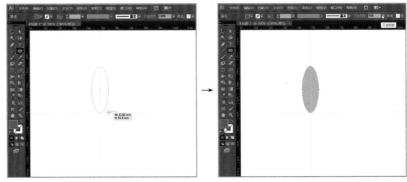

图3-3-10　绘制石油公司标志步骤（3）

（4）使用"钢笔工具"或快捷键P（为了便于修改，在选择钢笔之前先点击"直接选择工具"），按住Alt变为"转换点工具"，在椭圆的顶点点击，将平滑点转为角点，如图3-3-11所示。

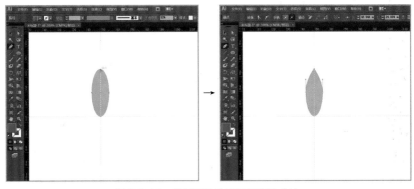

图3-3-11　绘制石油公司标志步骤（4）

（5）使用"自由变换工具"或快捷键E，拖动定界框右上角点，再按住Ctrl＋Shift＋Alt进行透视变形，将花瓣形变成上窄下宽的形状，如图3-3-12所示。

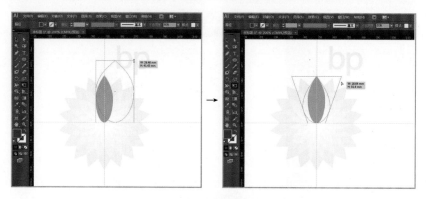

图 3-3-12　绘制石油公司标志步骤（5）

（6）按住Alt，拖动侧面边框，对称调整整个图形的宽度，使其与原图像匹配，如图3-3-13所示。

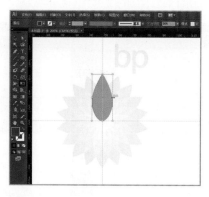

图 3-3-13　绘制石油公司标志步骤（6）

（7）使用"旋转工具"或快捷键R，按住Alt点击花瓣形底端点（以底端点作为中心），在弹出的对话框中设置旋转的角度为20º，点击【复制】选项，如图3-3-14所示。

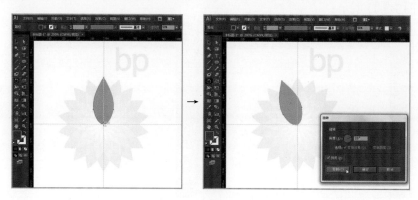

图 3-3-14　绘制石油公司标志步骤（7）

（8）多次执行Ctrl+D命令，复制出一圈花瓣形，如图3-3-15所示。

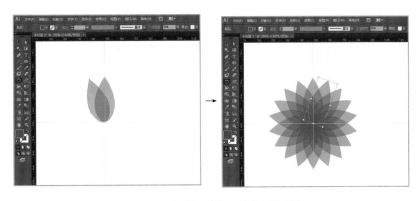

图3-3-15　绘制石油公司标志步骤（8）

（9）选中参考线并删除（如不删除，参考线也将参与下一步的分割），使用菜单命令"对象 > 解锁"或快捷键Ctrl+Alt+2解除参考图的锁定，在选项栏将参考图与绘制的图形的不透明度均调回100%，如图3-3-16所示。

图3-3-16　绘制石油公司标志步骤（9）

（10）执行菜单命令"窗口 > 路径查找器"或快捷键Ctrl+Shift+F9调板中的【分割】选项，如图3-3-17所示。

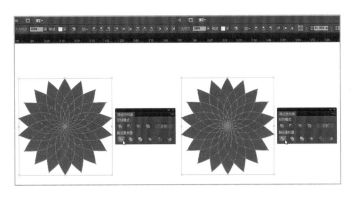

图3-3-17　绘制石油公司标志步骤（10）

（11）使用"直接选择工具"或快捷键A，点选外围花瓣，按住shift加选一圈，使用"吸管工具"吸取颜色，如图3-3-18所示。

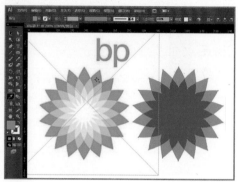

图3-3-18　绘制石油公司标志步骤（11）

（12）使用同样的方法给外围三圈图形填上不同的颜色，如图3-3-19所示。

图3-3-19　绘制石油公司标志步骤（12）

（13）使用"魔棒工具"或快捷键Y，选择中心所有的红色图形，设为白色，完成绘制，如图3-3-20所示。

图3-3-20　绘制石油公司标志步骤（13）

【案例2】绘制"三菱集团"标志

（1）使用菜单命令"文件 > 新建"或快捷键Ctrl+N，建立一个A4大小的文档。使用菜单命令"文件 > 置入"置入标志图片。使用"选择工具"或快捷键V选择图片，按住Shift拖角进行等比缩放，调整其在文档中的大小与位置。在选项栏将其不透明度设为10%作为绘图的参考。使用菜单命令"对象 > 锁定"或快捷键Ctrl+2固定其位置，如图3-3-21所示。

图 3-3-21　绘制"三菱集团"标志步骤（1）

（2）使用"多边形工具"在画面单击，在弹出的多边形参数对话框中输入边数3，创建正三角形。选择三角形，按住Shift拖动定界框角点进行等比缩放，匹配参考图大小，在选项栏将其透明度调节为50%，如图3-3-22所示。

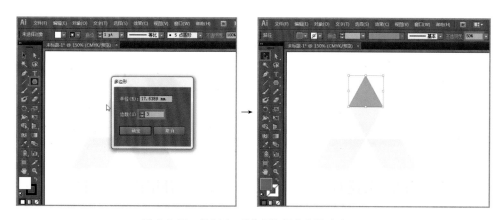

图 3-3-22　绘制"三菱集团"标志步骤（2）

（3）选择三角形，使用"镜像工具"或快捷键O，按住Alt点击三角形的底边角点（以底边点作为镜像轴），在弹出的对话框中选择水平轴，点击复制，如图3-3-23所示。

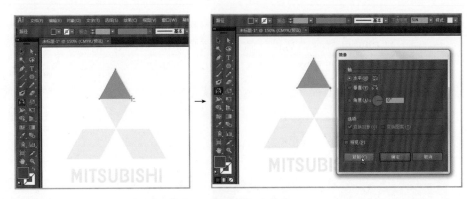

图 3-3-23　绘制"三菱集团"标志步骤（3）

（4）生成新的三角形，如图**3-3-24**所示。

图 3-3-24　绘制"三菱集团"标志步骤（4）

（5）选择两个三角形，执行菜单命令"窗口 > 路径查找器"或快捷键 **Ctrl+Shift+F9** 调板中的【相加】选项，生成一个菱形，如图**3-3-25**所示。

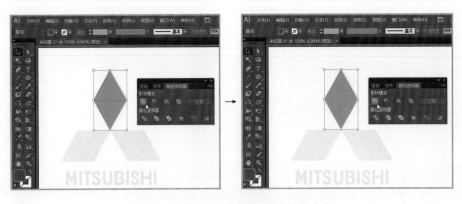

图 3-3-25　绘制"三菱集团"标志步骤（5）

（6）选择菱形，使用"旋转工具"或快捷键 **R**，按住 Alt 点击菱形的底边角点（以底边点作为旋转中心），在弹出的对话框中设置角度为120°，点击复制，如图 **3-3-26**所示。

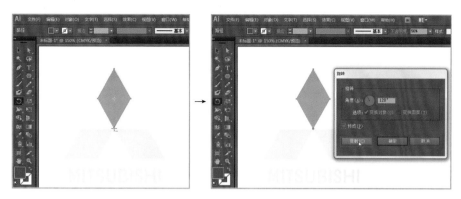

图 3-3-26　绘制"三菱集团"标志步骤（6）

（7）在选项栏调节最终形的不透明度为100%，完成绘制，如图3-3-27所示。

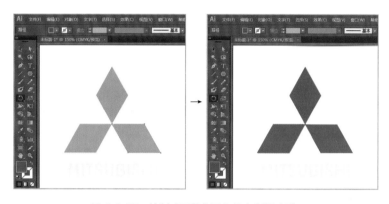

图 3-3-27　绘制"三菱集团"标志步骤（7）

【案例3】绘制"石化盈科信息技术有限责任公司"标志

（1）使用菜单命令"文件 > 新建"或快捷键Ctrl+N，建立一个A4大小的文档。使用菜单命令"文件 > 置入"置入标志图片。使用"选择工具"或快捷键V选择图片，按住Shift拖角进行等比缩放，调整其在文档中的大小与位置。在选项栏将其不透明度设为10%作为绘图的参考。使用菜单命令"对象 > 锁定"或快捷键Ctrl+2固定其位置，如图3-3-28所示。

图 3-3-28　绘制"石化盈科"标志步骤（1）

（2）使用"矩形工具"或快捷键M，按住左键拖动鼠标绘制矩形，如图3-3-29所示。

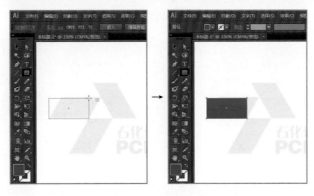

图3-3-29　绘制"石化盈科"标志步骤（2）

（3）选择矩形，使用"倾斜工具"，按住Alt单击矩形左下角顶点，在弹出的对话框中设置角度为30°，点击【确定】生成平行四边形，如图3-3-30所示。

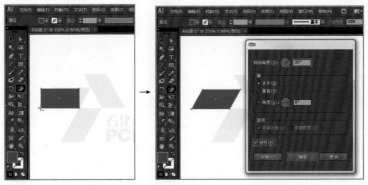

图3-3-30　绘制"石化盈科"标志步骤（3）

（4）选择平行四边形，使用"旋转工具"，按住Alt单击矩形右下角顶点，在弹出的对话框中设置角度为-60°，点击【确定】复制生成第二个平行四边形，如图3-3-31所示。

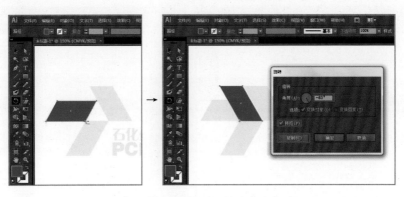

图3-3-31　绘制"石化盈科"标志步骤（4）

（5）将生成的平行四边形移到右侧，如图3-3-32所示。

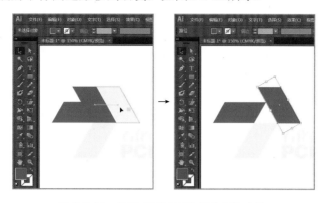

图 3-3-32　绘制"石化盈科"标志步骤（5）

（6）选择左侧的平行四边形，使用"镜像工具"或快捷键O，按住Alt单击矩形右下角顶点，在弹出的对话框中设置轴角度为30°（以30°线为镜像轴），点击【确定】复制生成第三个平行四边形，如图3-3-33所示。

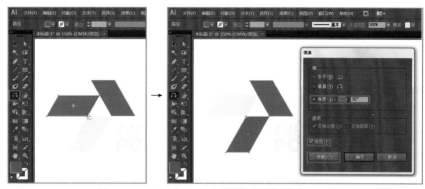

图 3-3-33　绘制"石化盈科"标志步骤（6）

（7）将绘制好的图形移动到右侧，使用"吸管工具"吸取原图像颜色，完成绘制，如图3-3-34所示。

图 3-3-34　绘制"石化盈科"标志步骤（7）

【案例4】绘制"Floresta Negra"标志

（1）使用菜单命令"文件 > 新建"或快捷键Ctrl+N，建立一个A4大小的文档。使用菜单命令"文件 > 置入"置入标志图片。使用"选择工具"或快捷键V选择图片，按住Shift拖角进行等比缩放，调整其在文档中的大小与位置。在选项栏将其不透明度设为10%作为绘图的参考。使用菜单命令"对象 > 锁定"或快捷键Ctrl+2固定其位置，如图3-3-35所示。

图3-3-35　绘制"Floresta Negra"标志步骤（1）

（2）使用"椭圆工具"或快捷键L，按住左键拖动鼠标（加按Shift保证等比）绘制正圆。在拖动鼠标创建图形的过程中，加按空格键可以临时切换成移动功能来控制图形的位置。在选项栏调节圆的不透明度为50%，如图3-3-36所示。

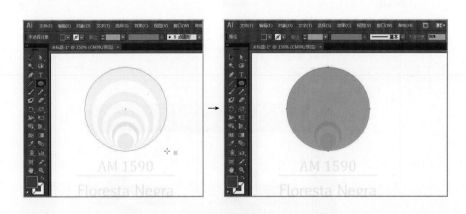

图3-3-36　绘制"Floresta Negra"标志步骤（2）

（3）选择正圆，使用"缩放工具"或快捷键S，按住Alt单击圆形的底部象限点，在弹出的对话框中设置【等比缩放】为85%，点击【复制】，如图3-3-37所示。

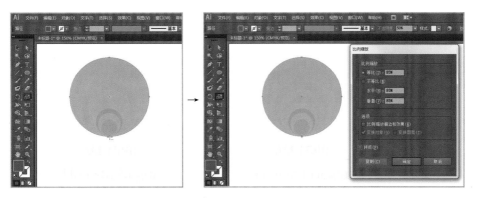

图 3-3-37　绘制"Floresta Negra"标志步骤（3）

（4）执行Ctrl+D命令进行多次缩放复制，如图3-3-38所示。

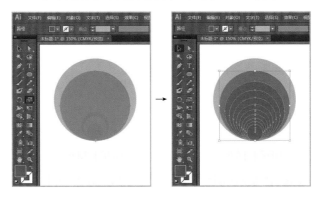

图 3-3-38　绘制"Floresta Negra"标志步骤（4）

（5）选择所有圆，移动到右侧。使用菜单命令"对象 > 解锁"或快捷键Ctrl+Alt+2解除参考图的锁定，在选项栏将参考图与绘制的图形的不透明度均调回100%，如图3-3-39所示。

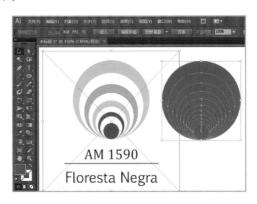

图 3-3-39　绘制"Floresta Negra"标志步骤（5）

（6）单独选择每一个圆形，使用"吸管工具"进行上色，完成绘制，如图3-3-40所示。

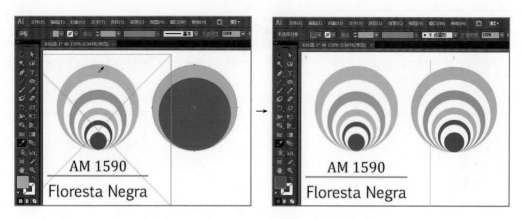

图 3-3-40　绘制"Floresta Negra"标志步骤（6）

【案例5】绘制"西美展示"标志

（1）使用菜单命令"文件 > 新建"或快捷键Ctrl+N，建立一个A4大小的文档。使用菜单命令"文件 > 置入"置入标志图片。使用"选择工具"或快捷键V选择图片，按住Shift拖角进行等比缩放，调整其在文档中的大小与位置。在选项栏将其不透明度设为10%作为绘图的参考。使用菜单命令"对象 > 锁定"或快捷键Ctrl+2固定其位置，如图3-3-41所示。

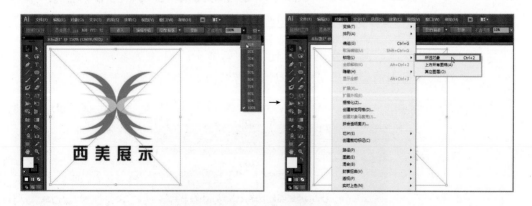

图 3-3-41　绘制"西美展示"标志步骤（1）

（2）使用"椭圆工具"或快捷键L，按住左键拖动鼠标（按住Shift保证等比缩放）绘制正圆。在拖动鼠标创建图形的过程中，加按空格键可以临时切换成移动功能来控制图形的位置。在选项栏调节圆的不透明度为50%，如图3-3-42所示。

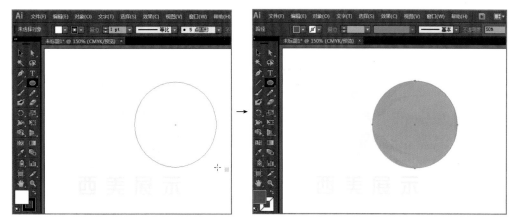

图 3-3-42 绘制"西美展示"标志步骤（2）

（3）选择绘制好的圆形，按住 Alt 进行移动（移动的同时加按 Shift 保持水平方向），复制出另一个圆，如图 3-3-43 所示。

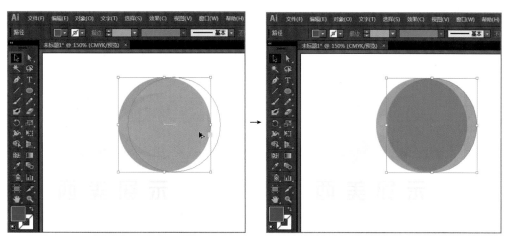

图 3-3-43 绘制"西美展示"标志步骤（3）

（4）选中两个圆，执行菜单命令"窗口 > 路径查找器"或快捷键 Ctrl+Shift+F9 调板中的【相减】选项，生成月牙形，如图 3-3-44 所示。

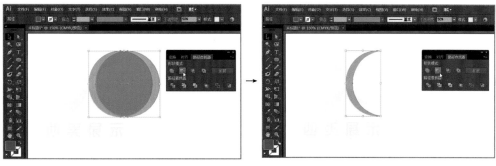

图 3-3-44 绘制"西美展示"标志步骤（4）

（5）选择月牙形，使用"镜像工具"或快捷键O，按住Alt点击月牙形的最左侧锚点，在弹出的对话框中选择【垂直】轴，点击【复制】选项，如图3-3-45所示。

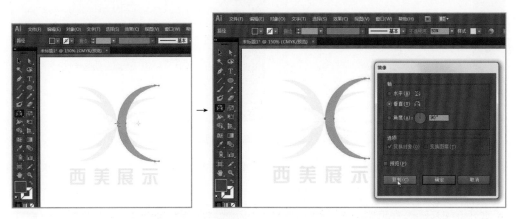

图 3-3-45　绘制"西美展示"标志步骤（5）

（6）生成X形，如图3-3-46所示。

图 3-3-46　绘制"西美展示"标志步骤（6）

（7）选择X形，双击"缩放工具"或快捷键S，在弹出的对话框中选择【不等比】，【垂直】70%，勾选【预览】观察最终效果，点击【复制】选项，如图3-3-47所示。

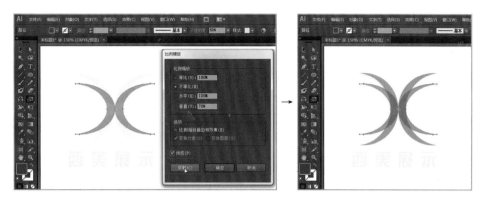

图 3-3-47 绘制"西美展示"标志步骤（7）

（8）选择新复制的 X 形，双击"缩放工具"，使用同样的方法选择不等比垂直缩放 50%，如图 3-3-48 所示。

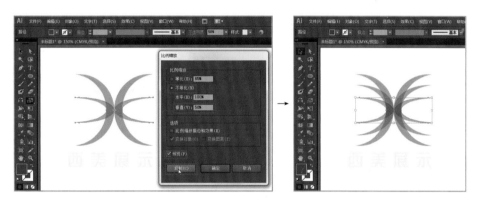

图 3-3-48 绘制"西美展示"标志步骤（8）

（9）在选项栏调节最终形的不透明度为 100%，使用菜单命令"对象 > 解锁"或快捷键 Ctrl+Alt+2 解除参考图的锁定，在选项栏将参考图与绘制的图形的不透明度均调回 100%。使用"吸管工具"给图形填上不同的颜色，完成绘制，如图 3-3-49 所示。

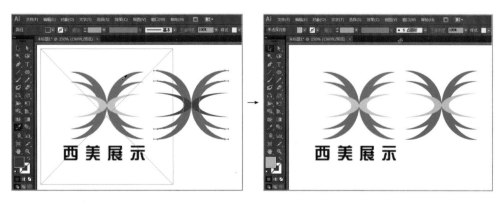

图 3-3-49 绘制"西美展示"标志步骤（9）

第 4 章
立体特效类标志绘制

本章知识点：渐变工具、混合工具、效果菜单、剪切蒙版、不透明蒙版等。

学习目标：掌握立体特效类标志的绘制方法。

除了平面绘图，Illustrator在立体特效方面的表现也非常出色。经过之前的学习，我们介绍了平面标志的绘制方法，本章我们将继续学习立体标志的绘制方法，讲解渐变、混合、效果菜单、蒙板等知识。通过本章的学习，读者可以全面掌握大部分立体特效类标志的绘制方法与技巧。

4.1　立体特效类标志

对于一些立体和特效类标志，我们主要使用渐变工具改变对象的颜色来模拟立体的感觉，或者使用混合工具通过对同一图形的多次叠加来模拟立体效果。

4.1.1　渐变工具

"渐变工具"，快捷键是G。"渐变工具"主要用于给对象添加渐变色彩，它不能直接使用，需要和渐变调板、颜色调板配合使用。

首先点击工具栏最下方的【渐变】模式按钮，快捷键为句号（将默认的平色模式改为渐变模式），这时对象变为默认的黑白线性渐变。其次在渐变调板中选择渐变的类型（线性或者径向），选择渐变的颜色色标，在拾色器中设置渐变的颜色。最后选择"渐变工具"或快捷键G，按住左键拖动鼠标设置渐变的位置与方向，如图4-1-1所示。

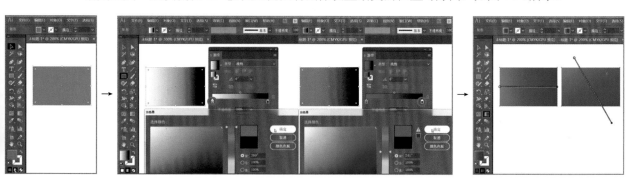

图 4-1-1　颜色渐变效果

4.1.2　混合工具

"混合工具"，快捷键是W。"混合工具"主要用于不同对象间形体和颜色的过渡渐变，在渐变的过程中，我们可以控制渐变步数，制作一些排列或者立体效果。

绘制几个不同的图形并填充不同颜色。双击【混合工具】，在弹出的对话框中设置【间距】类型为"指定的步数"，并设置过渡的步数。依次点击图形对象（或者选择两端对象执行Ctrl+Alt+B），如图4-1-2所示。

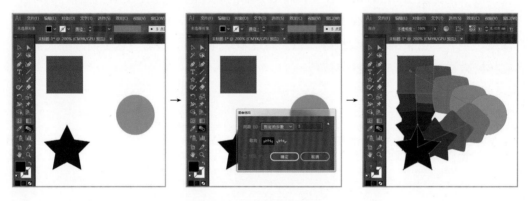

图 4-1-2　图形叠加效果

4.1.3　效果菜单

Illustrator的"效果"菜单提供了很多变形与特效命令，类似于Photoshop里的滤镜。利用这些命令可以做出一些特殊的效果，如图4-1-3所示。

图 4-1-3　"效果"菜单中的"风格化"选项

【案例】

【案例1】绘制"索尼爱立信移动通讯公司"标志

（1）使用菜单命令"文件 > 新建"或快捷键Ctrl+N，建立一个A4大小的文档。使用菜单命令"文件 > 置入"置入标志图片。使用"选择工具"或快捷键V选择图片，按住Shift拖角进行等比缩放，调整其在文档中的大小与位置。在选项栏将其不透明度设为10%作为绘图的参考。使用菜单命令"对象 > 锁定"或快捷键Ctrl+2固定其位置，如图4-1-4所示。

图 4-1-4　绘制"索爱"标志步骤（1）

（2）使用"椭圆工具"或快捷键L，按住左键拖动（加按Shift保证等比）鼠标绘制正圆。在拖动鼠标创建图形的过程中，加按空格键可以临时切换成移动功能来控制图形的位置。在选项栏调节圆的不透明度为50%，如图4-1-5所示。

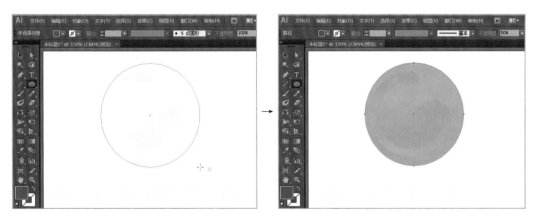

图 4-1-5　绘制"索爱"标志步骤（2）

（3）使用同样的方法绘制第二个圆，在选项栏调节圆的不透明度为50%，如图4-1-6所示。

图4-1-6　绘制"索爱"标志步骤（3）

（4）选择第二个绘制的圆形，按住Alt进行移动，复制出一个圆，如图4-1-7所示。

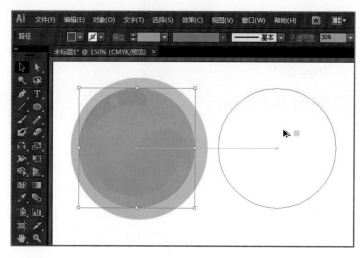

图4-1-7　绘制"索爱"标志步骤（4）

（5）使用"钢笔工具"或快捷键P（为了便于修改，在选择钢笔之前先点击"直接选择工具"），在圆形的边缘添加或减少锚点，如图4-1-8所示。

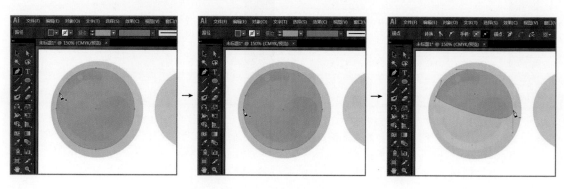

图4-1-8　绘制"索爱"标志步骤（5）

（6）在"钢笔工具"模式下，按住Ctrl切换为"直接选择工具"，选择并调节锚点的位置，生成最终形，如图4-1-9所示。

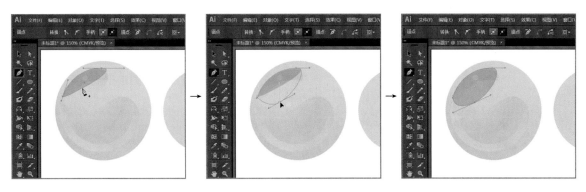

图 4-1-9　绘制"索爱"标志步骤（6）

（7）选择之前移动到右侧复制的圆，移动回原来的位置，如图4 1 10所示。

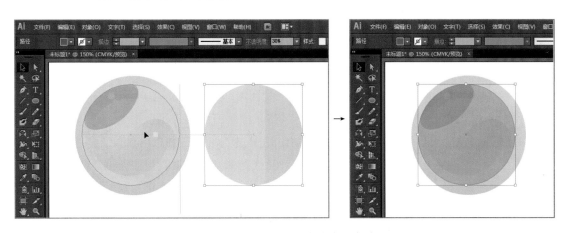

图 4-1-10　绘制"索爱"标志步骤（7）

（8）使用"钢笔工具"在圆形的边缘添加或减少锚点，如图4-1-11所示。

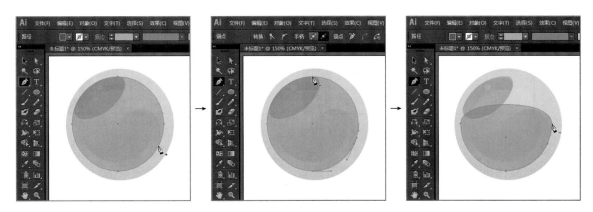

图 4-1-11　绘制"索爱"标志步骤（8）

（9）在"钢笔工具"模式下，按住Ctrl变为"直接选择工具"，选择并调节锚点的位置与路径的形态，生成最终形，如图4-1-12所示。

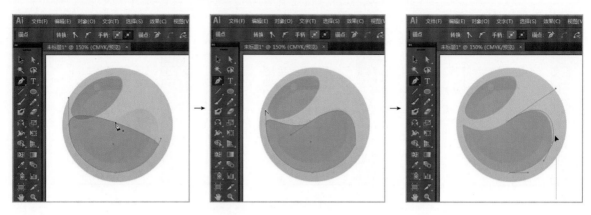

图 4-1-12　绘制"索爱"标志步骤（9）

（10）调节三个图形的位置。执行菜单命令"窗口 > 路径查找器"或快捷键Ctrl+Shift+F9调板中的【相减】选项，如图4-1-13所示。

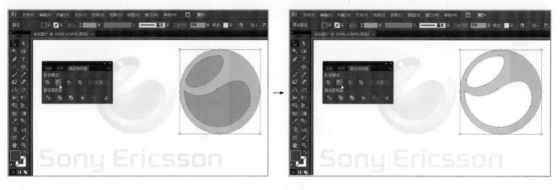

图 4-1-13　绘制"索爱"标志步骤（10）

（11）使用"椭圆工具"绘制第三个圆，在选项栏将之前形的不透明度调为100%，如图4-1-14所示。

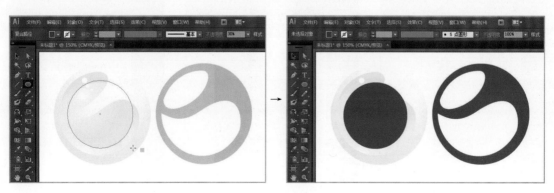

图 4-1-14　绘制"索爱"标志步骤（11）

（12）使用菜单命令"对象＞解锁"或快捷键Ctrl+Alt+2解除参考图的锁定，并在选项栏调节其透明度为100%。将新绘制的圆移动到旁边，在工具栏底部将其切换为"渐变"模式，在"渐变"调板中设置类型为【径向】，点击鼠标添加多个渐变色标，如图4-1-15所示。

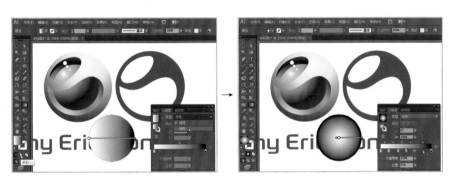

图4-1-15　绘制"索爱"标志步骤（12）

（13）依次选择渐变色标，使用"吸管工具"，按住Shift吸取参考图的颜色给新绘制的图形填充颜色，如图4-1-16所示。

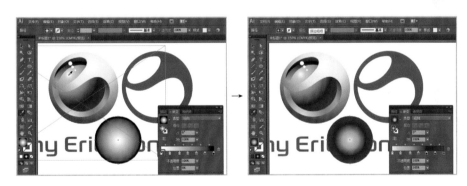

图4-1-16　绘制"索爱"标志步骤（13）

（14）使用"渐变工具"或快捷键G，按住鼠标左键在圆形上拖动光标，调节渐变的位置与角度，如图4-1-17所示。

图4-1-17　绘制"索爱"标志步骤（14）

（15）选择渐变圆形，使用菜单命令"编辑 > 复制""编辑 > 贴在后面"或快捷键Ctrl+C、Ctrl+B，在原位复制出一个圆。默认复制出的圆处于选择状态，按住Alt+Shift拖角进行中心点等比缩放，并稍做移动和旋转，准备制作后面的渐变圆形，如图4-1-18所示。

图 4-1-18　绘制"索爱"标志步骤（15）

（16）使用同样的方法，制作出第三个渐变圆形，如图4-1-19所示。

图 4-1-19　绘制"索爱"标志步骤（16）

（17）使用同样的方法，给上层的图形也添加白色到灰色的渐变，如图4-1-20所示。

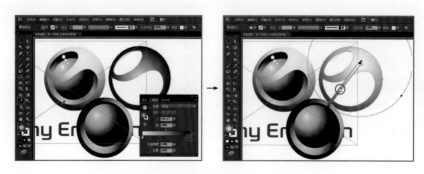

图 4-1-20　绘制"索爱"标志步骤（17）

（18）选择灰白渐变形，使用右键菜单命令"排列 > 置于顶层"，将其放在最上层，调整所有图形的位置，完成绘制，如图4-1-21所示。

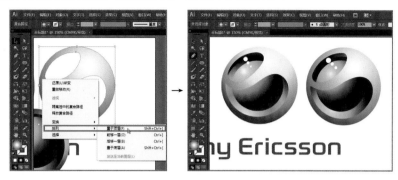

图 4-1-21　绘制"索爱"标志步骤（18）

【案例2】绘制"三角洲化工"标志

（1）使用菜单命令"文件 > 新建"或快捷键Ctrl+N，建立一个A4大小的文档。使用菜单命令"文件 > 置入"置入标志图片。使用"选择工具"或快捷键V选择图片，按住Shift拖角进行等比缩放，调整其在文档中的大小与位置。使用菜单命令"对象 > 锁定"或快捷键Ctrl+2固定其位置。使用"吸管工具"吸取图像色作为填充色，如图4-1-22所示。

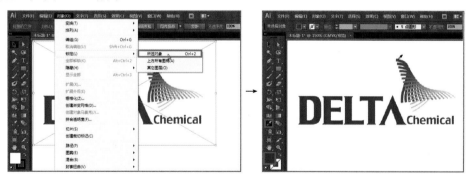

图 4-1-22　绘制 "三角洲化工"标志步骤（1）

（2）互换填充和描边颜色，使用"钢笔工具"或快捷键P（为了便于修改，在选择钢笔之前先点击"直接选择工具"），按住左键拖动鼠标绘制曲线，如图4-1-23所示。

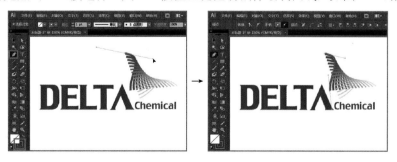

图 4-1-23　绘制 "三角洲化工"标志步骤（2）

（3）在选项栏设置描边的粗细，如图4-1-24所示。

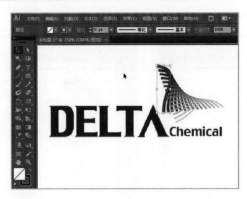

图4-1-24　绘制"三角洲化工"标志步骤（3）

（4）使用"吸管工具"，吸取图像另一端颜色为填充色，互换填充与描边颜色，使用"钢笔工具"绘制另一侧线段，如图4-1-25所示。

图4-1-25　绘制"三角洲化工"标志步骤（4）

（5）在选项栏设置描边的粗细，如图4-1-26所示。

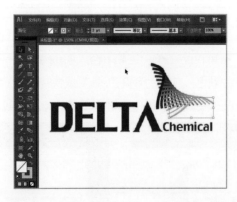

图4-1-26　绘制"三角洲化工"标志步骤（5）

（6）双击"混合工具"，在对话框中的【间距】选项设置指定的步数，选择【确定】后依次点击左侧线和右侧线（或者选择两条线以后使用快捷键Ctrl+Alt+B），在两者之间建立混合，如图4-1-27所示。

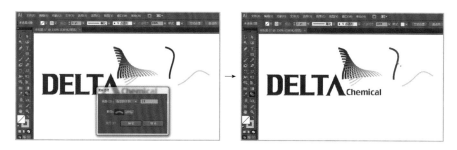

图 4-1-27 绘制 "三角洲化工" 标志步骤（6）

（7）完成绘制，效果如图4-1-28所示。

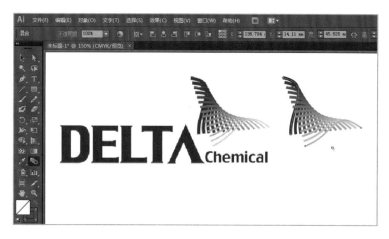

图 4-1-28 绘制 "三角洲化工" 标志步骤（7）

【案例3】绘制 "KALIPTO ROOM" 标志

（1）使用菜单命令"文件 > 新建"或快捷键Ctrl+N，建立一个A4大小的文档。使用菜单命令"文件 > 置入"置入标志图片。使用"选择工具"或快捷键V选择图片，按住Shift拖角进行等比缩放，调整其在文档中的大小与位置。在选项栏将其不透明度设为10%作为绘图的参考。使用菜单命令"对象 > 锁定"或快捷键Ctrl+2固定其位置，如图4-1-29所示。

图 4-1-29 绘制 "KALIPTO ROOM" 标志步骤（1）

（2）将填充色取消，描边色设为黑色。使用"钢笔工具"或快捷键P，点击鼠标绘制K形的左右两部分，如图4-1-30所示。

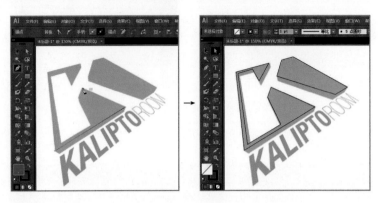

图 4-1-30　绘制"KALIPTO ROOM"标志步骤（2）

（3）选择K形，按住Alt移动鼠标，复制出一个K形。使用"吸管工具"吸取参考图的深色区域给新复制的K形上色，如图4-1-31所示。

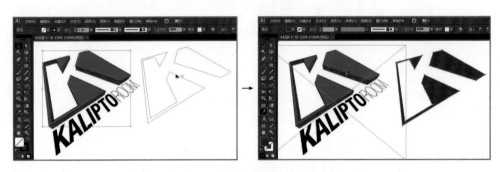

图 4-1-31　绘制"KALIPTO ROOM"标志步骤（3）

（4）选择填色后的K形，按住Alt移动鼠标，复制出底形，如图4-1-32所示。

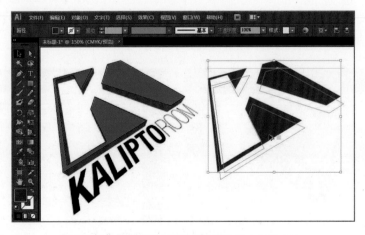

图 4-1-32　绘制"KALIPTO ROOM"标志步骤（4）

（5）选择底形的右侧部分，使用"自由变换工具"或快捷键E，对其进行透视变形。使用同样的方法对左侧也进行透视变形，如图4-1-33所示。

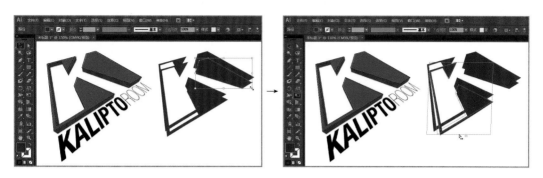

图4-1-33 绘制"KALIPTO ROOM"标志步骤（5）

（6）选择底形，使用右键菜单命令"排列 > 置于底层"将其放在下层，如图4-1-34所示。

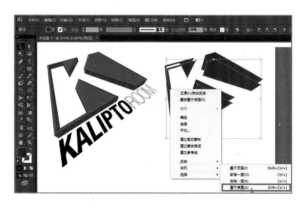

图4-1-34 绘制"KALIPTO ROOM"标志步骤（6）

（7）双击"混合工具"，在对话框中的【间距】选项设置指定的步数，设置完成后选择【确定】，如图4-1-35所示。

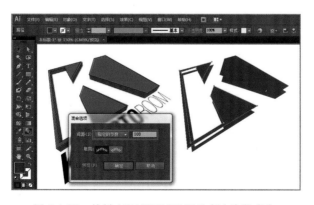

图4-1-35 绘制"KALIPTO ROOM"标志步骤（7）

（8）依次点击上、下层图形（或者选择两个图形后使用快捷键Ctrl+Alt+B），在两者之间建立混合。用同样的方法制作右侧混合，如图4-1-36所示。

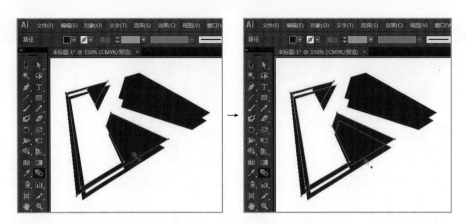

图 4-1-36　绘制"KALIPTO ROOM"标志步骤（8）

（9）混合后的效果如图所示，如图4-1-37所示。

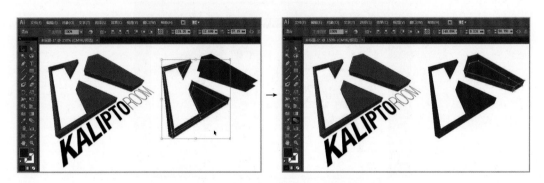

图 4-1-37　绘制"KALIPTO ROOM"标志步骤（9）

（10）选择左侧K形，使用"吸管工具"，吸取参考图浅色区域给新图形上色。把新图形移动到右侧，使用右键菜单命令"排列 > 置于顶层"将其放在最上一层，如图4-1-38所示。

图 4-1-38　绘制"KALIPTO ROOM"标志步骤（10）

（11）移动对齐两个图形，完成绘制，如图4-1-39所示。

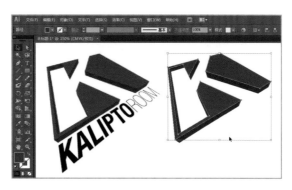

图 4-1-39 绘制 "KALIPTO ROOM" 标志步骤（11）

【案例4】绘制 "2006都灵冬奥会" 标志

（1）使用菜单命令 "文件 > 新建" 或快捷键Ctrl+N，建立一个A4大小的文档。使用菜单命令 "文件 > 置入" 置入标志图片。使用 "选择工具" 或快捷键V选择图片，按住Shift拖角进行等比缩放，调整其在文档中的大小与位置。在选项栏将其不透明度设为10%作为绘图的参考。使用菜单命令 "对象 > 锁定" 或快捷键Ctrl+2固定其位置，如图4-1-40所示。

图 4-1-40 绘制 "2006都灵冬奥会" 标志步骤（1）

（2）使用 "矩形工具" 或快捷键M，按住左键拖动鼠标（加按Shift保证等比）绘制正方形。使用 "选择工具"，将正方形旋转（加按Shift）45°，如图4-1-41所示。

图 4-1-41 绘制 "2006都灵冬奥会" 标志步骤（2）

（3）选择正方形，使用菜单命令"效果 > 扭曲和变换 > 收缩和膨胀"，在弹出的对话框中设置参数，把正方形变为星形，如图4-1-42所示。

图 4-1-42　绘制"2006 都灵冬奥会"标志步骤（3）

（4）选择星形并移动，同时按住Alt进行复制（加按Shift键保持水平方向），按Ctrl+D再次执行这个命令，复制一排，如图4-1-43所示。

图 4-1-43　绘制"2006 都灵冬奥会"标志步骤（4）

（5）选择复制好的一排星形向上移动，同时按住Alt进行复制（加按Shift键保持垂直方向），按Ctrl+D再次执行这个命令，复制7行，如图4-1-44所示。

图 4-1-44　绘制"2006 都灵冬奥会"标志步骤（5）

（6）删除多余的星形，剩下的星形使用菜单命令"对象 > 编组"编成一组，如图4-1-45所示。

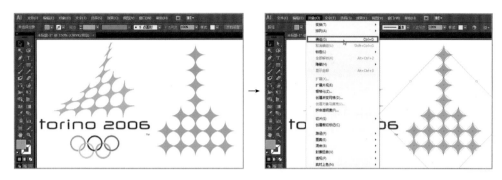

图 4-1-45 绘制 "2006 都灵冬奥会" 标志步骤（6）

（7）使用菜单命令 "效果扭曲和变换 > 自由扭曲" 调节扭曲角度，如图4-1-46 所示。

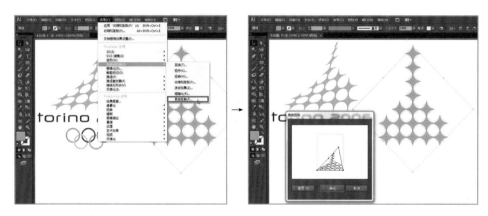

图 4-1-46 绘制 "2006 都灵冬奥会" 标志步骤（7）

（8）完成绘制，如图4-1-47所示。

图 4-1-47 绘制 "2006 都灵冬奥会" 标志步骤（8）

【案例5】绘制"大众汽车集团"标志

（1）使用菜单命令"文件 > 新建"或快捷键Ctrl+N，建立一个A4大小的文档。使用菜单命令"文件 > 置入"置入标志图片。使用"选择工具"或快捷键V选择图片，按住Shift拖角进行等比缩放，调整其在文档中的大小与位置。在选项栏将其不透明度设为10%作为绘图的参考。使用菜单命令"对象 > 锁定"或快捷键Ctrl+2固定其位置，如图4-1-48所示。

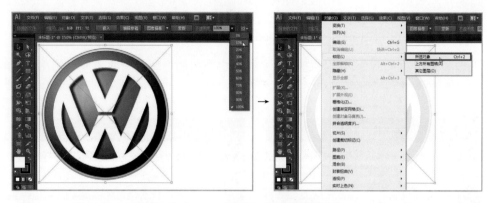

图 4-1-48　绘制"大众汽车集团"标志步骤（1）

（2）使用"椭圆工具"或快捷键L，按住左键拖动鼠标（加按Shift保证等比）绘制正圆。在创建图形的过程中，加按空格键可以临时切换成移动功能来控制图形的位置。在选项栏将绘制好的圆形的不透明度设为50%，如图4-1-49所示。

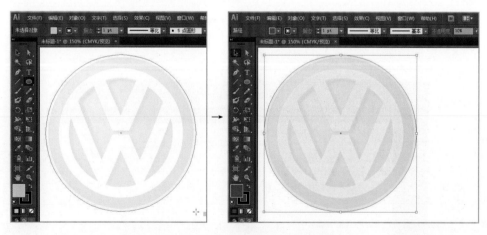

图 4-1-49　绘制"大众汽车集团"标志步骤（2）

（3）选择大圆，使用菜单命令"编辑 > 复制""编辑 > 贴在前面"或快捷键Ctrl+C、Ctrl+ F，在其上面原位复制出一个大圆。默认复制出的大圆处于选择状态，按住Alt+Shift拖角进行中心点等比缩放，在内圈复制出一个小圆。使用同样的方法复制出多个同心圆，如图4-1-50所示。

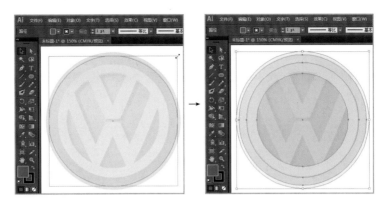

图 4-1-50 绘制 "大众汽车集团" 标志步骤（3）

（4）选择中心的两个圆，执行菜单命令"窗口 > 路径查找器"或快捷键 Ctrl+Shift+F9 调板中的【相减】选项，如图 4-1-51 所示。

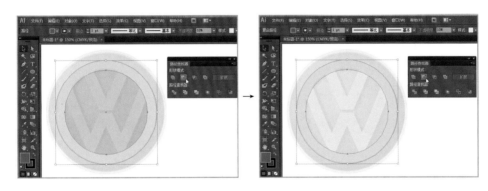

图 4-1-51 绘制 "大众汽车集团" 标志步骤（4）

（5）使用"矩形工具"或快捷键 M 绘制矩形，使用"选择工具"使其旋转，使用"钢笔工具"或快捷键 P 在矩形上加、减点、如图 4-1-52 所示。

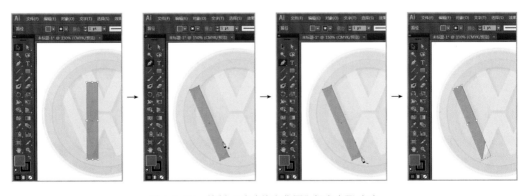

图 4-1-52 绘制 "大众汽车集团" 标志步骤（5）

（6）选择矩形，使用"镜像工具"或快捷键 O，按住 Alt 点击鼠标，在弹出的对话框中选择【垂直】轴镜像并进行复制，生成 V 形，如图 4-1-53 所示。

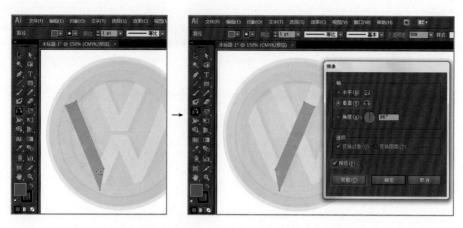

图 4-1-53　绘制 "大众汽车集团" 标志步骤（6）

（7）使用 "直接选择工具" 调节右侧的矩形条的长度，如图4-1-54所示。

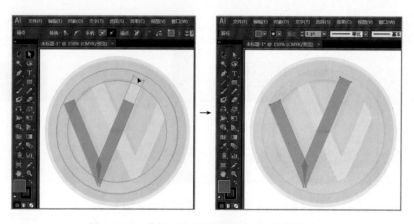

图 4-1-54　绘制 "大众汽车集团" 标志步骤（7）

（8）选择V形，使用 "镜像工具" 或快捷键O，按住Alt点击一点，在弹出的对话框中选择【垂直】轴镜像并进行【复制】，生成W形，如图4-1-55所示。

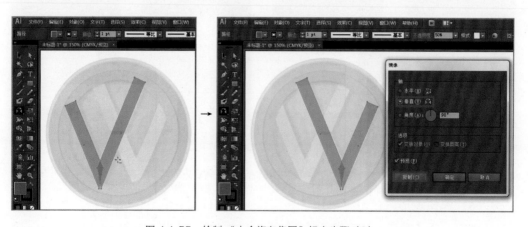

图 4-1-55　绘制 "大众汽车集团" 标志步骤（8）

（9）选择W形和环形，执行菜单命令"窗口 > 路径查找器"或快捷键Ctrl+Shift+F9调板中的【相加】选项，生成网形，如图4-1-56所示。

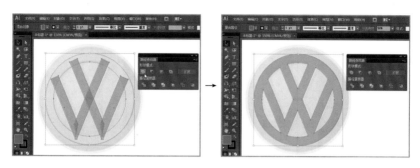

图4-1-56　绘制"大众汽车集团"标志步骤（9）

（10）使用"矩形工具"绘制矩形，选择矩形和网形，执行菜单命令"窗口 > 路径查找器"调板中的【相减】选项，如图4-1-57所示。

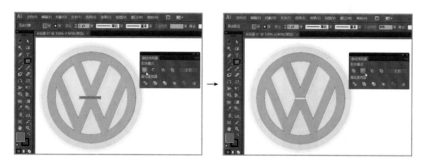

图4-1-57　绘制"大众汽车集团"标志步骤（10）

（11）选择所有的图形移动到右侧，使用菜单命令"对象 > 解锁"或快捷键Ctrl+Alt+2解除参考图锁定，在选项栏将参考图与图形的不透明度都调回100%，如图4-1-58所示。

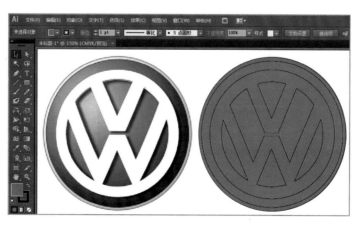

图4-1-58　绘制"大众汽车集团"标志步骤（11）

（12）选择中间的圆，在工具栏底部将其切换为渐变模式，在渐变调板中设置类型为【径向】，点击添加多个渐变色标，如图4-1-59所示。

图4-1-59　绘制"大众汽车集团"标志步骤（12）

（13）依次选择渐变色标，使用"吸管工具"，按住Shift吸取参考图的颜色给新图形填色，如图4-1-60所示。

图4-1-60　绘制"大众汽车集团"标志步骤（13）

（14）选择"渐变工具"或快捷键G，按住鼠标左键在圆形上进行拖动，调整渐变的位置与方向，如图4-1-61所示。

图4-1-61　绘制"大众汽车集团"标志步骤（14）

（15）选择网状形，将其填充色设为白色，如图4-1-62所示。

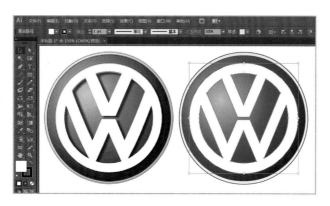

图 4-1-62 绘制 "大众汽车集团" 标志步骤（15）

（16）选择网状形，使用菜单命令 "特效 > 风格化 > 投影" 设置相应参数，如图 4-1-63 所示。

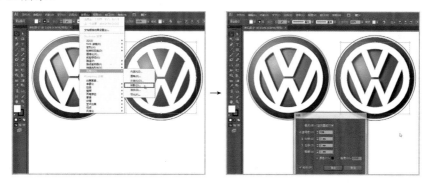

图 4-1-63 绘制 "大众汽车集团" 标志步骤（16）

4.2 遮挡渐隐类标志

除了以上所示的标志，我们还会遇到边缘清晰、图案适合于外形，或者边缘渐隐的标志，这类效果我们主要使用 "剪切蒙版" 和 "不透明蒙版" 完成。

4.2.1 剪切蒙版

"剪切蒙版" 主要是用上方对象的路径控制下方对象的显示范围。制作完成后，原上方的对象版路径内的部分显示下方对象，路径外的部分被隐藏。

选择绘制好的两个对象，执行菜单命令 "对象 > 剪切蒙版 > 建立" 或快捷键 Ctrl+7，如图 4-2-1 所示。

图 4-2-1　"剪切蒙版"完成效果

4.2.2　不透明蒙版

"不透明蒙版"主要是用上方对象的黑白灰关系控制下方对象的显示范围。制作完成后，原上方的对象的白色部分显示下方对象，黑色部分隐藏下方对象。我们可以通过"不透明蒙版"实现渐隐的效果。

选择绘制好的两个对象（上方对象有黑白灰关系），执行菜单命令"窗口 > 透明度"或快捷键Ctrl+Shift+F10中调板菜单的"建立不透明蒙版"，如图4-2-2所示。

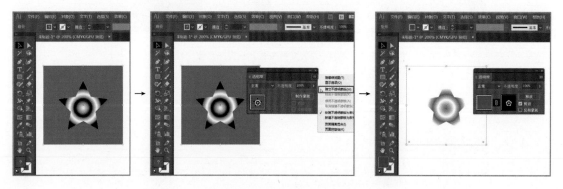

图 4-2-2　"不透明蒙版"完成效果

【案例】

【案例1】绘制"Kindercool"标志

（1）使用菜单命令"文件 > 新建"或快捷键Ctrl+N，建立一个A4大小的文档。使用菜单命令"文件 > 置入"置入标志图片。使用"选择工具"或快捷键V选择图片，按住Shift拖角进行等比缩放，调整其在文档中的大小与位置。使用菜单命令"对象 > 锁定"或快捷键Ctrl+2固定其位置，如图4-2-3所示。

图 4-2-3 绘制"Kindercool"标志步骤（1）

（2）使用"椭圆工具"或快捷键L，按住左键拖动鼠标绘制椭圆，如图4-2-4所示。

图 4-2-4 绘制"Kindercool"标志步骤（2）

（3）旋转椭圆的角度，按住Alt进行移动并复制出另外两个椭圆，调节它们的角度和大小，如图4-2-5所示。

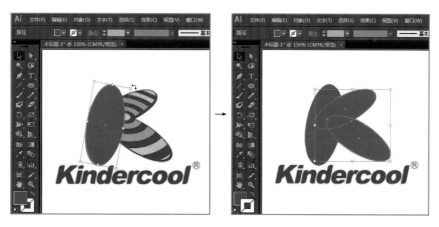

图 4-2-5 绘制"Kindercool"标志步骤（3）

（4）选择三个椭圆，执行菜单命令"窗口 > 路径查找器"或快捷键
Ctrl+Shift+F9中的【相加】，生成K形，如图4-2-6所示。

图 4-2-6　绘制"Kindercool"标志步骤（4）

（5）使用"直线段工具"中的"极坐标网格工具"，按住左键拖动鼠标（加按
Shfit保证等比）绘制同心圆，在绘制过程中使用左、右和上、下键，控制同心圆与
分割线的数量，注意控制分割线为0，同心圆大于9个。绘制好后使用"吸管工具"
给其上色，如图4-2-7所示。

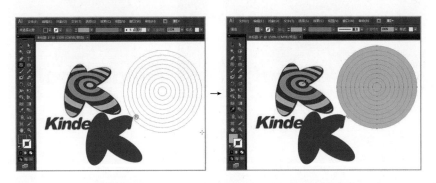

图 4-2-7　绘制"Kindercool"标志步骤（5）

（6）使用"直接选择工具"，分别选择每一圈，使用"吸管工具"吸取参考图
颜色进行上色，如图4-2-8所示。

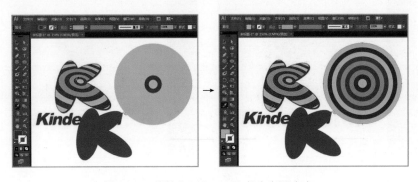

图 4-2-8　绘制"Kindercool"标志步骤（6）

（7）选择所有同心圆，使用"自由变换工具"或快捷键E，拖角后按住Ctrl＋Shift＋Alt进行透视变化，如图4-2-9所示。

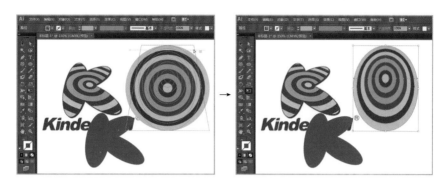

图4-2-9 绘制"Kindercool"标志步骤（7）

（8）继续使用"自由变换工具"，拖角后按住Ctrl进行扭曲变化，如图4-2-10所示。

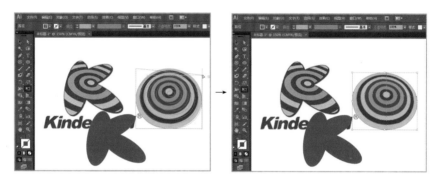

图4-2-10 绘制"Kindercool"标志步骤（8）

（9）选择K形，使用"吸管工具"吸取参考图颜色进行上色，如图4-2-11所示。

图4-2-11 绘制"Kindercool"标志步骤（9）

（10）选择K形，移动图形的同时按住Alt对其进行复制，将复制后的图形放在同心圆的位置，使用右键菜单命令"排列 > 置于顶层"将其放在最上层，如图4-2-12所示。

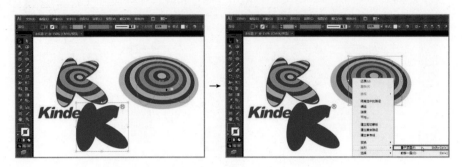

图 4-2-12　绘制"Kindercool"标志步骤（10）

（11）选择K形和所有同心圆，执行菜单命令"对象 > 剪切蒙版"或快捷键Ctlr+7，如图4-2-13所示。

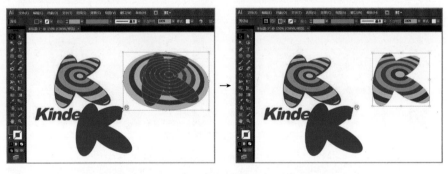

图 4-2-13　绘制"Kindercool"标志步骤（11）

（12）选择蓝色K形并移动到新图形下层，作为标志的投影，如图4-2-14所示。

图 4-2-14　绘制"Kindercool"标志步骤（12）

【案例2】绘制"蓝水湾地产"标志

（1）使用菜单命令"文件 > 新建"或快捷键Ctrl+N，建立一个A4大小的文档。使用菜单命令"文件 > 置入"置入标志图片。使用"选择工具"或快捷键V选择图片，按住Shift拖角进行等比缩放，调整其在文档中的大小与位置。使用菜单命令"对象 > 锁定"或快捷键Ctrl+2固定其位置，如图4-2-15所示。

图 4-2-15 绘制"蓝水湾地产"标志步骤（1）

（2）使用"矩形工具"或快捷键M，绘制一个比参考图大的矩形，在选项栏调节其透明度为20%，如图4-2-16所示。

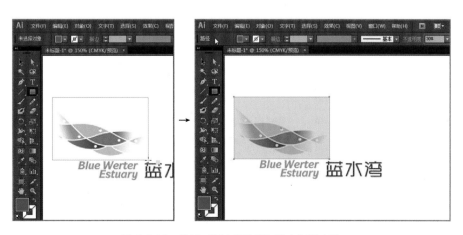

图 4-2-16 绘制"蓝水湾地产"标志步骤（2）

（3）将填充色取消，描边颜色设为红色。使用"钢笔工具"或快捷键P（为了便于修改，在选择"钢笔工具"之前先点击"直接选择工具"），按住左键拖动鼠标绘制曲线，如图4-2-17所示。

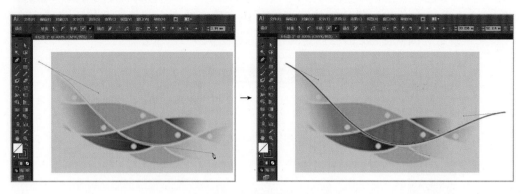

图 4-2-17　绘制 "蓝水湾地产" 标志步骤（3）

（4）绘制所有曲线，在选项栏调节曲线粗细使其与参考图空隙一致，如图4-2-18所示。

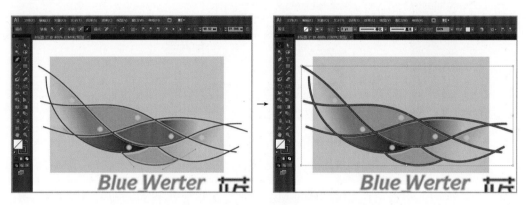

图 4-2-18　绘制 "蓝水湾地产" 标志步骤（4）

（5）选择所有曲线，执行菜单命令"对象 > 扩展"，将描边转换为填充，如图4-2-19所示。

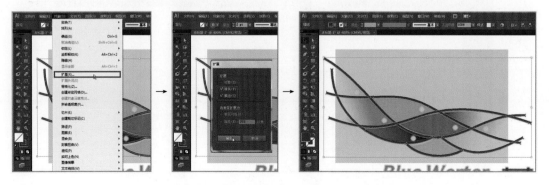

图 4-2-19　绘制 "蓝水湾地产" 标志步骤（5）

（6）选择所有图形，执行菜单命令"窗口 > 路径查找器"或快捷键 Ctrl+Shift+F9 调板中的【相减】选项，如图4-2-20所示。

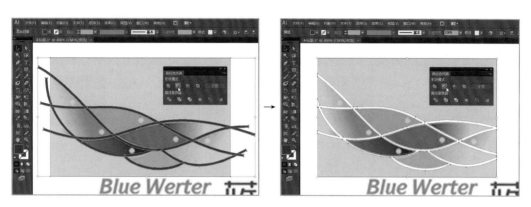

图 4-2-20 绘制"蓝水湾地产"标志步骤（6）

（7）单击鼠标右键选择"取消编组"，删除多余的图形，如图4-2-21所示。

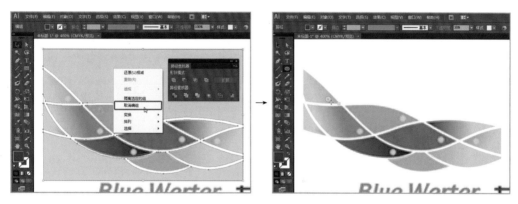

图 4-2-21 绘制"蓝水湾地产"标志步骤（7）

（8）使用"椭圆工具"或快捷键L，绘制圆形，选择圆形并移动，同时按住Alt进行复制，如图4-2-22所示。

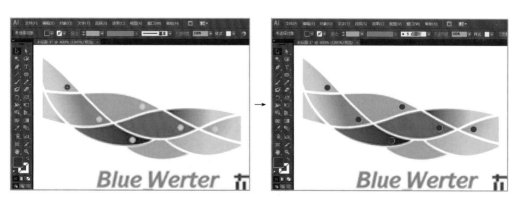

图 4-2-22 绘制"蓝水湾地产"标志步骤（8）

（9）分别选择每组的圆和底形，执行菜单命令"窗口 > 路径查找器"调板中的【相减】选项，如图4-2-23所示。

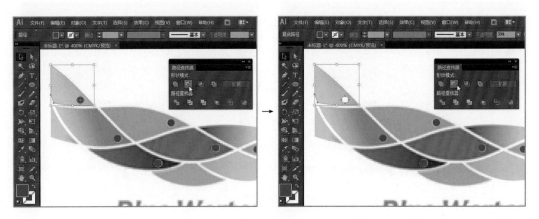

图 4-2-23　绘制"蓝水湾地产"标志步骤（9）

（10）在选项栏把图形的透明度调为100%，如图4-2-24所示。

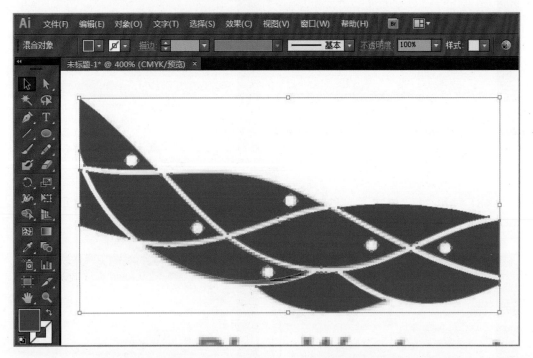

图 4-2-24　绘制"蓝水湾地产"标志步骤（10）

（11）分别选择各个图形，使用"吸管工具"吸取参考图颜色给每个图形上色，如图4-2-25所示。

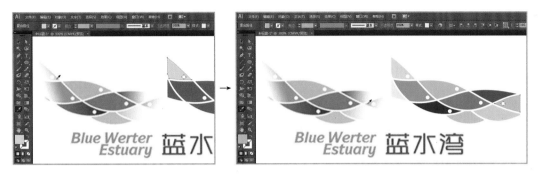

图 4-2-25　绘制 "蓝水湾地产"标志步骤（11）

（12）选择所有图形，依次使用菜单命令"编辑＞复制""编辑＞贴在前面"或快捷键Ctrl+C、Ctrl+F，在上面复制出一个完全重合的图形，如图4-2-26所示。

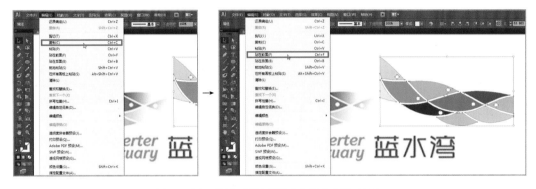

图 4-2-26　绘制 "蓝水湾地产"标志步骤（12）

（13）在工具栏底部将复制的图形切换为渐变模式，在"渐变"调板中设置类型为【径向】，如图4-2-27所示。

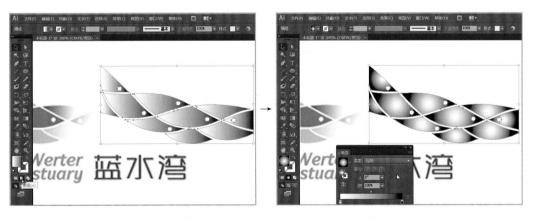

图 4-2-27　绘制 "蓝水湾地产"标志步骤（13）

（14）在"渐变"调板调节渐变颜色的过渡，切换到"渐变工具"或快捷键G，按住左键在图形上拖动鼠标，编辑渐变的位置、角度与大小，如图4-2-28所示。

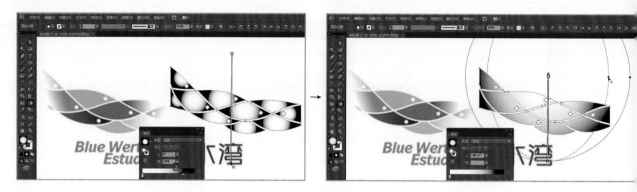

图 4-2-28　绘制"蓝水湾地产"标志步骤（14）

（15）对渐变形单击鼠标右键进行编组。框选所有图形（上层渐变形与下层底色形），执行菜单命令"窗口 > 透明度"或快捷键Ctrl+Shift+F10调板中调板菜单的"建立不透明蒙版"，如图4-2-29所示。

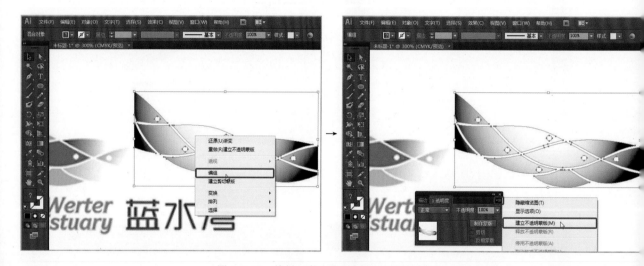

图 4-2-29　绘制"蓝水湾地产"标志步骤（15）

（16）完成绘制，如图4-2-30所示。

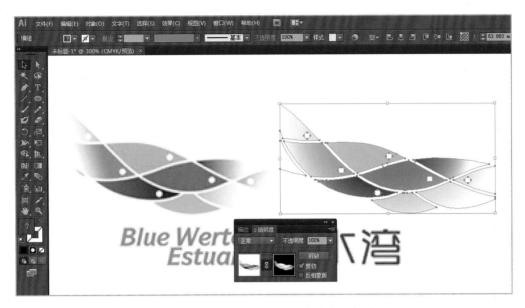

图 4-2-30 绘制 "蓝水湾地产" 标志步骤（16）

第5章
字体设计、VI设计

本章知识点：文字工具、字符调板、段落调板、变换工具等。

学习目标：掌握字体设计与VI设计方法。

除了绘制标志，Illustrator还是设计字体的利器。本章将深入讲解字体设计及VI设计的相关命令，帮助读者掌握字体、VI的设计方法与制作流程。

5.1 字体设计

一般情况下，我们可以设置输入文字的样式，再通过"扩展"命令进行变形或者直接通过钢笔以及画形工具手动创作。

5.1.1 文字工具

使用"文字工具"可以创建文字，快捷键是T。Illustrator中的文字可以分为三类：纯文字、路径轨迹文字、路径区域文字。

纯文字可以通过点击或者拉框直接创建。点击创建的是单行文字，适合标题或者较少的正文文字。拉框创建的是多行文字，可以通过改变文本框的宽窄来改变文字的宽度，适合大段文字的编辑，如图5-1-1所示。

图 5-1-1 创建纯文字

路径轨迹文字需要先用"钢笔工具"或者"线形工具"创建一条路径，用"文字工具"在路径上出现飘号的时候点击鼠标即可生成（注意开放路径与封闭路径的用法不同，开放路径直接点击鼠标，封闭路径需要按住Alt点击鼠标）。输入文字后使用"直接选择工具"可以对文字进行移动和转换方向等操作，如图5-1-2所示。

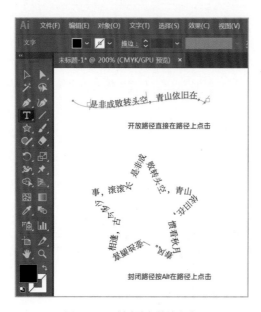

图 5-1-2　创建路径轨迹文字

路径区域文字需要先用"钢笔或者画形工具"创建一个封闭形，用"文字工具"在路径形边缘出现圆圈时候点击鼠标生成，如图5-1-3所示。

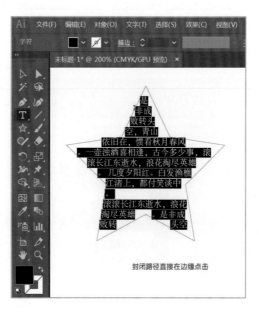

图 5-1-3　创建路径区域文字

5.1.2 字符与段落调板

文字创建完成后，可以通过菜单命令"窗口 > 文字 > 字符"、"窗口 > 文字 > 段落"调出字符与段落调板，对文字的字体、字号、行间距、字间距、段落样式等属性进行详细设置（图5-1-4）。设置字号的快捷键是Ctrl+Shift+逗号、句号，设置行间距的快捷键是Alt+上、下方向键，设置字间距的快捷键是Alt+左、右方向键，设置基线偏移的快捷键是Ctrl+Shift+Alt+上、下方向键。

图 5-1-4　字符与段落调板

【案例】

【案例1】绘制"联通新时空通信服务"字体

（1）使用菜单命令"文件 > 新建"或快捷键Ctrl+N，建立一个A4大小的文档。使用菜单命令"文件 > 置入"置入标志图片。使用"选择工具"或快捷键V选择图片，按住Shift拖角进行等比缩放，调整其在文档中的大小与位置。在选项栏将其不透明度设为10%作为绘图的参考。使用菜单命令"对象 > 锁定"或快捷键Ctrl+2固定其位置，如图5-1-5所示。

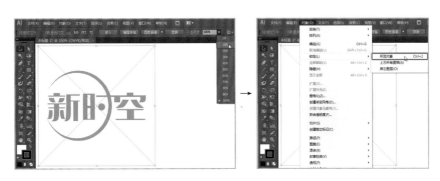

图 5-1-5　绘制"联通新时空通信服务"字体步骤（1）

（2）使用"文字工具"或快捷键T，点击鼠标直接输入文字。使用菜单命令"窗口＞文字＞字符"，调出"字符"调板设置字号与整体字间距，为后两个字单独设置字间距，如图5-1-6所示。

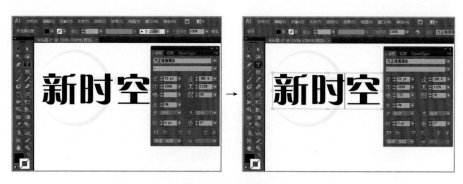

图 5-1-6　绘制"联通新时空通信服务"字体步骤（2）

（3）使用菜单命令"对象＞扩展"，将文字变为可编辑路径，如图5-1-7所示。

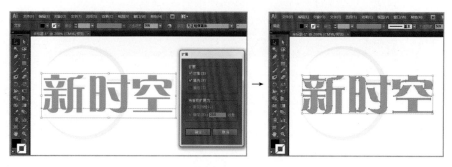

图 5-1-7　绘制"联通新时空通信服务"字体步骤（3）

（4）使用"钢笔工具"或快捷键P对路径进行编辑，按住Alt变为"转换点工具"，点击锚点将转角曲线点变为直角点，按住Ctrl变为"直接选择工具"移动锚点，如图5-1-8所示。

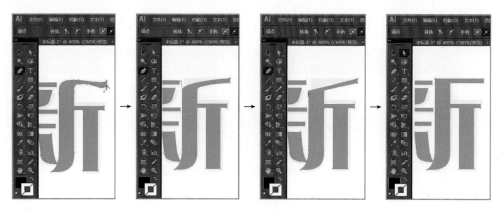

图 5-1-8　绘制"联通新时空通信服务"字体步骤（4）

（5）使用"直接选择工具"或快捷键A，框选部分锚点，移动位置，如图5-1-9所示。

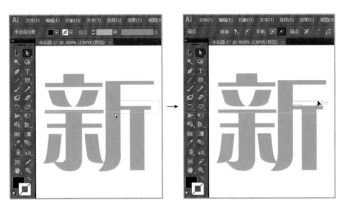

图5-1-9 绘制 "联通新时空通信服务"字体步骤（5）

（6）使用"钢笔工具"对路径进行编辑，在已有锚点上点击鼠标减掉多余的点，按住Alt变为"转换点工具"，点击锚点将转角曲线点变为直角点，按住Ctrl变为"直接选择工具"移动锚点，如图5-1-10所示。

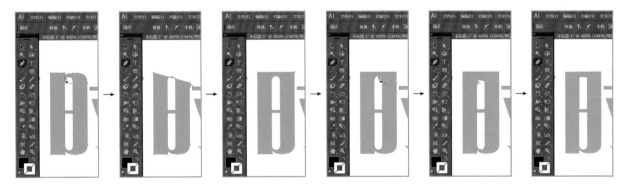

图5-1-10 绘制 "联通新时空通信服务"字体步骤（6）

（7）使用"直接选择工具"框选部分锚点，移动位置，如图5-1-11所示。

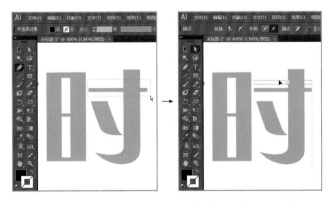

图5-1-11 绘制 "联通新时空通信服务"字体步骤（7）

（8）使用"钢笔工具"在已有锚点上点击鼠标减掉多余的点，如图5-1-12所示。

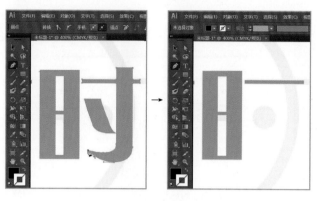

图5-1-12 绘制"联通新时空通信服务"字体步骤（8）

（9）使用"椭圆工具"或快捷键L，按住左键拖动（加按Shift保证等比）鼠标绘制正圆。在创建图形的过程中，加按空格键可以临时切换成移动功能来控制图形的位置。在选项栏调节圆的不透明度为50%，如图5-1-13所示。

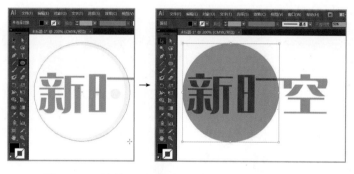

图5-1-13 绘制"联通新时空通信服务"字体步骤（9）

（10）选择圆，使用菜单命令"编辑 > 复制""编辑 > 贴在前面"或快捷键Ctrl+C、Ctrl+F，在其上面原位复制出一个圆。默认复制出的圆处于选择状态，按住Alt+Shift拖角进行中心点等比缩放，制作小圆。向左移动小圆的位置。选择两个圆，执行菜单命令"窗口 > 路径查找器"或快捷键Ctrl+Shift+F9调板中的【相减】选项，生成月牙形，如图5-1-14所示。

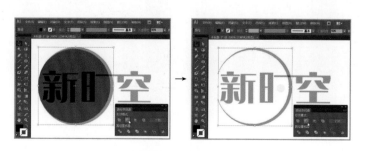

图5-1-14 绘制"联通新时空通信服务"字体步骤（10）

（11）选择字体和月牙形，执行菜单命令"窗口 > 路径查找器"调板中的【相加】选项，生成最终形，如图 5-1-15 所示。

图 5-1-15 绘制 "联通新时空通信服务" 字体步骤（11）

（12）使用"吸管工具"吸取参考图颜色，完成绘制，如图 5-1-16 所示。

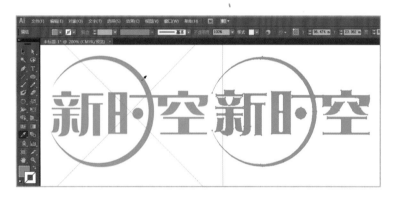

图 5-1-16 绘制 "联通新时空通信服务" 字体步骤（12）

【案例2】绘制"蓝月亮日化品牌"字体

（1）使用菜单命令"文件 > 新建"或快捷键 Ctrl+N，建立一个 A4 大小的文档。使用菜单命令"文件 > 置入"置入标志图片。使用"选择工具"或快捷键 V 选择图片，按住 Shift 拖角进行等比缩放，调整其在文档中的大小与位置。在选项栏将其不透明度设为 10% 作为绘图的参考。使用菜单命令"对象 > 锁定"或快捷键 Ctrl+2 固定其位置，如图 5-1-17 所示。

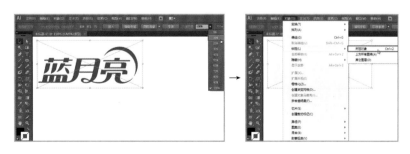

图 5-1-17 绘制 "蓝月亮日化品牌" 字体步骤（1）

（2）使用"文字工具"或快捷键T，点击鼠标直接输入文字。使用菜单命令"窗口 > 文字 > 字符"，调出"字符"调板设置字号与整体字间距。使用"自由变换"工具或快捷键E，拖边后按住Ctrl进行倾斜变化，如图5-1-18所示。

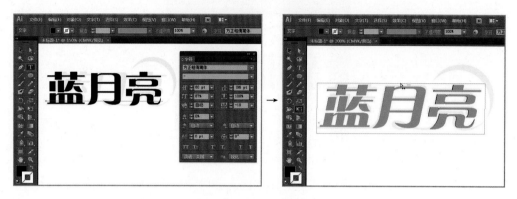

图 5-1-18　绘制"蓝月亮日化品牌"字体步骤（2）

（3）使用菜单命令"对象 > 扩展"，将文字变为可编辑路径，如图5-1-19所示。

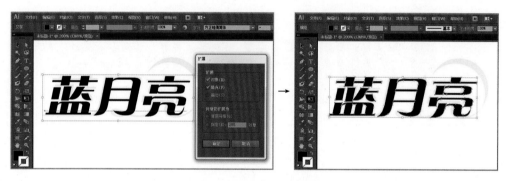

图 5-1-19　绘制"蓝月亮日化品牌"字体步骤（3）

（4）使用"钢笔工具"或快捷键P对路径进行编辑，在已有锚点上点击鼠标减掉多余的点，按住Alt变为"转换点工具"，点击锚点将转角曲线点变为直角点，按住Ctrl变为"直接选择工具"移动锚点，如图5-1-20所示。

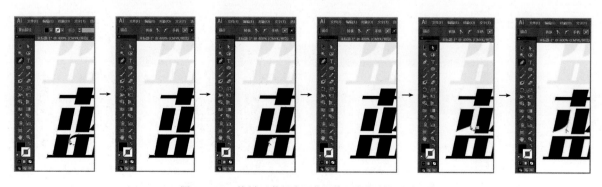

图 5-1-20　绘制"蓝月亮日化品牌"字体步骤（4）

（5）使用"钢笔工具"在路径线上点击鼠标添加锚点，按住Ctrl变为"直接选择工具"，移动锚点，将两个字连接到一起，如图5-1-21所示。

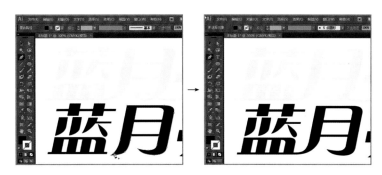

图5-1-21 绘制"蓝月亮日化品牌"字体步骤（5）

（6）使用"钢笔工具"绘制后两个字的连接形状，如图5-1-22所示。

图5-1-22 绘制"蓝月亮日化品牌"字体步骤（6）

（7）将新绘制的形状与后两个字相接，选择所有对象，执行菜单命令"窗口 >路径查找器"或快捷键Ctrl+Shift+F9调板中的【相加】选项，如图5-1-23所示。

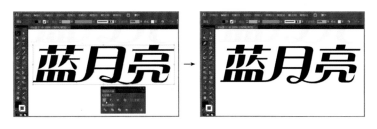

图5-1-23 绘制"蓝月亮日化品牌"字体步骤（7）

（8）使用"椭圆工具"或快捷键L，按住左键拖动鼠标（加按Shift拖动保证等比）绘制正圆。选择正圆，移动时按住Alt进行复制。选择两个圆，执行菜单命令"窗口 >路径查找器"调板中的【相减】选项，生成月牙形，如图5-1-24所示。

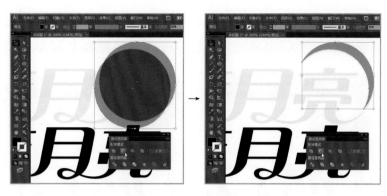

图 5-1-24　绘制"蓝月亮日化品牌"字体步骤（8）

（9）移动月牙形到适当位置。使用菜单命令"对象 > 解除锁定"或快捷键 Ctrl+Alt+2将原参考图解锁并在选项栏调节其透明度为100%，使用"吸管工具"吸取参考图颜色给字体上色，完成绘制，如图5-1-25所示。

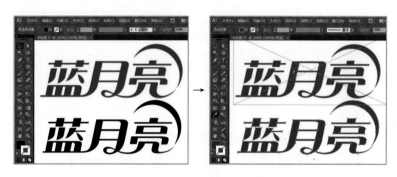

图 5-1-25　绘制"蓝月亮日化品牌"字体步骤（9）

【案例3】绘制"心如止水"字体

（1）使用菜单命令"文件 > 新建"或快捷键Ctrl+N，建立一个A4大小的文档。使用菜单命令"文件 > 置入"置入标志图片。使用"选择工具"或快捷键V选择图片，按住Shift拖角进行等比缩放，调整其在文档中的大小与位置。在选项栏将其不透明度设为10%作为绘图的参考。使用菜单命令"对象 > 锁定"或快捷键Ctrl+2固定其位置，如图5-1-26所示。

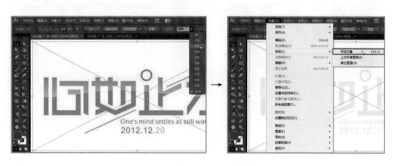

图 5-1-26　绘制"心如止水"字体步骤（1）

（2）将填充色取消，描边色设为黑色，使用"矩形工具"或快捷键M，绘制和参考图字体等大的矩形框。选择绘制好的矩形，移动的同时按住Alt进行复制，再按Ctrl+D多次执行，生成四个矩形框，如图5-1-27所示。

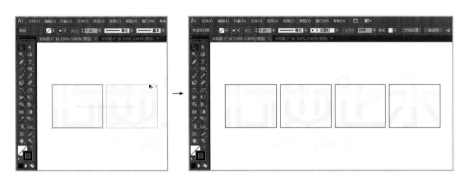

图 5-1-27 绘制 "心如止水"字体步骤（2）

（3）使用"矩形工具"，在矩形框里绘制和参考图字体笔画一样粗细的矩形，选择绘制好的矩形，移动的同时按住Alt进行复制，如图5-1-28所示。

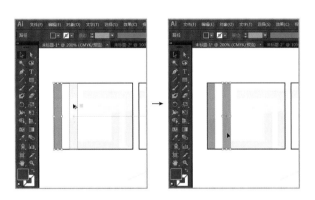

图 5-1-28 绘制 "心如止水"字体步骤（3）

（4）使用同样的方法复制矩形笔画，使用"选择工具"旋转方向（按住Shift每次旋转45°），使用"直接选择工具"或快捷键A框选一边拖动鼠标调节大小（保持笔画粗细一致），如图5-1-29所示。

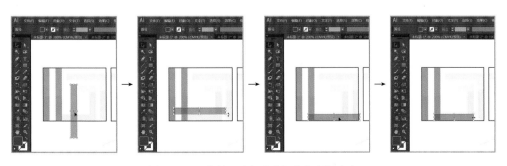

图 5-1-29 绘制 "心如止水"字体步骤（4）

（5）使用"直接选择工具"，框选单独锚点进行编辑（移动锚点时按住Shift保持水平或垂直），如图5-1-30所示。

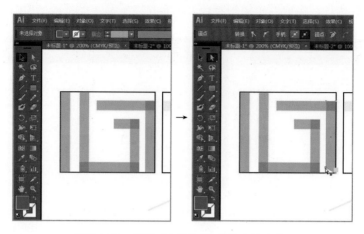

图 5-1-30　绘制 "心如止水" 字体步骤（5）

（6）使用同样的方法制作其他文字，如图5-1-31所示。

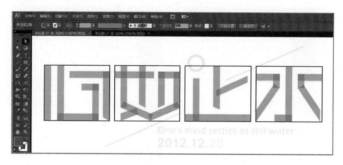

图 5-1-31　绘制 "心如止水" 字体步骤（6）

（7）选择所有对象，执行菜单命令"窗口＞路径查找器"或快捷键Ctrl+Shift+F9调板中的【相加】选项，如图5-1-32所示。

图 5-1-32　绘制 "心如止水" 字体步骤（7）

（8）将填充色取消，描边色设为红色，使用"钢笔工具"或快捷键P，按住左键拖动鼠标绘制一条曲线。选择曲线与字体，执行菜单命令"窗口＞路径查找器"调板中的【分割】选项，分割后单击右键菜单命令对其进行解组，如图5-1-33所示。

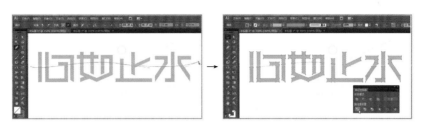

图5-1-33 绘制"心如止水"字体步骤（8）

（9）使用菜单命令"对象＞解除锁定"或快捷键Ctrl+Alt+2将原参考图解锁，在选项栏将参考图与字体不透明度均调回100%，如图5-1-34所示。

图5-1-34 绘制"心如止水"字体步骤（9）

（10）选择字体的下半部分，使用"吸管工具"吸取参考图颜色给图形上色，删除分割生成的多余路径，如图5-1-35所示。

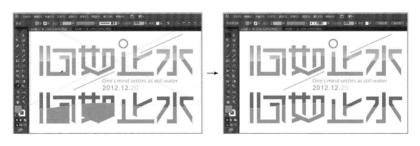

图5-1-35 绘制"心如止水"字体步骤（10）

（11）选择字体的上半部分，在工具栏底部将其切换为渐变模式，在渐变调板中设置类型为【线性】，选择渐变色标，使用"吸管工具"，按住Shift吸取参考图的颜色，如图5-1-36所示。

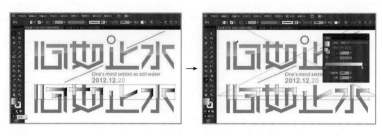

图 5-1-36　绘制"心如止水"字体步骤（11）

（12）使用"渐变工具"或快捷键G，按住左键拖动鼠标，调节渐变的位置和角度，如图5-1-37所示。

图 5-1-37　绘制"心如止水"字体步骤（12）

5.2　VI设计

VI设计又叫作企业形象视觉设计，是传播企业理念、扩大企业知名度、塑造企业形象的便捷途径。一般情况下，VI的项目都是使用Illustrator绘制的。

【案例】

【案例1】绘制"易云科技"标志

（1）使用菜单命令"文件＞新建"或快捷键Ctrl+N，建立一个A4大小的文档。使用菜单命令"文件＞置入"置入VI图片。使用"选择工具"或快捷键V选择图片，执行菜单命令"窗口＞对齐"或快捷键Shift+F7调出对齐调板，在"对齐"选项中选择【对齐画板】项，进行水平中心与垂直中心的对齐，使参考图和画板完全重合。在选项栏将其不透明度设为10%作为绘图的参考。使用菜单命令"对象 > 锁定"或快捷键Ctrl+2固定其位置，如图5-2-1所示。

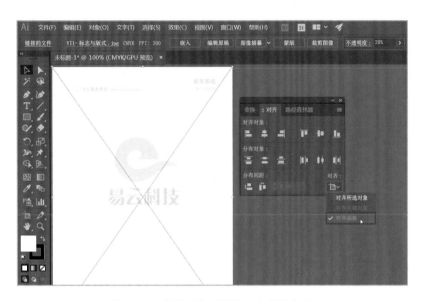

图 5-2-1　绘制"易云科技"标志步骤（1）

（2）使用"椭圆工具"或快捷键L，按住左键拖动鼠标（加按Shift保证等比）绘制正圆。在创建图形的过程中，加按空格键可以临时切换成移动功能来控制图形的位置。在选项栏将绘制好的圆的不透明度设为50%，如图5-2-2所示。

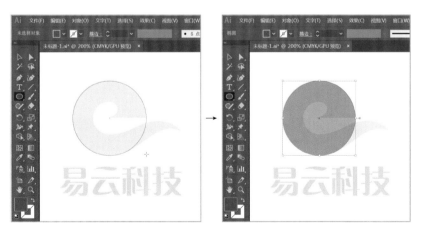

图 5-2-2　绘制"易云科技"标志步骤（2）

（3）选择圆，使用菜单命令"编辑 > 复制""编辑 > 贴在前面"或快捷键Ctrl+C、Ctrl+ F，在其上面原位复制出一个圆。默认复制出的圆处于选择状态，按住Alt＋Shift拖角进行中心点等比缩放，制作内圈小圆，如图5-2-3所示。

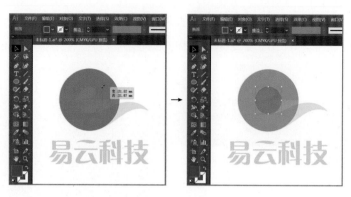

图 5-2-3　绘制"易云科技"标志步骤（3）

（4）选择大圆与小圆，执行菜单命令"窗口 > 路径查找器"或快捷键 Ctrl+Shift+F9，选择调板中的【相减】选项，生成环形，如图 5-2-4 所示。

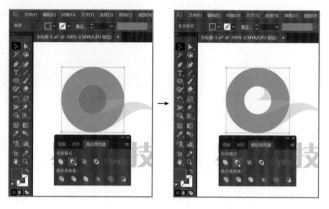

图 5-2-4　绘制"易云科技"标志步骤（4）

（5）使用"矩形工具"或快捷键 M，绘制一个长方形。选择长方形与环形，执行菜单命令"窗口 > 路径查找器"，选择调板中的【相减】选项，生成 C 形，如图 5-2-5 所示。

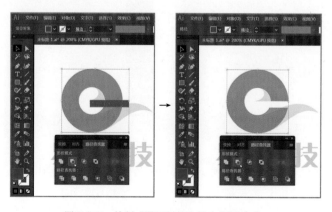

图 5-2-5　绘制"易云科技"标志步骤（5）

（6）使用"直接选择工具"或快捷键A，点选锚点并移动，调节图形形状，如图5-2-6所示。

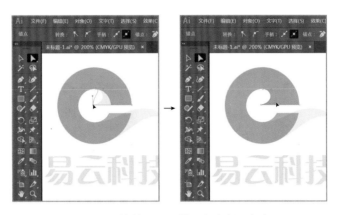

图5-2-6　绘制"易云科技"标志步骤（6）

（7）使用同样的方法移动下方的锚点，使用"钢笔工具"或快捷键P，按住Alt转为"转换点工具"对锚点进行编辑，如图5-2-7所示。

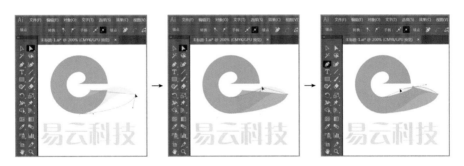

图5-2-7　绘制"易云科技"标志步骤（7）

（8）继续调节图形形状，如图5-2-8所示。

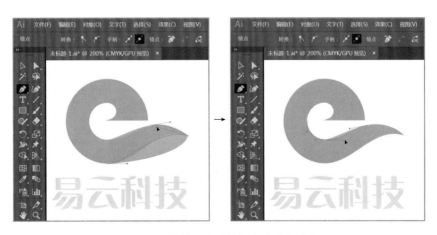

图5-2-8　绘制"易云科技"标志步骤（8）

（9）使用"文字工具"或快捷键T，点击鼠标输入相应文字。执行菜单命令"窗口 > 文字 > 字符"，调出字符调板设置字体、字号、字间距，如图5-2-9所示。

图 5-2-9　绘制"易云科技"标志步骤（9）

（10）选择文字，执行菜单命令"对象 > 扩展"，将文字转为路径，如图5-2-10所示。

图 5-2-10　绘制"易云科技"标志步骤（10）

（11）使用"直接选择工具"框选"云"字的第一笔并删除，切换到"钢笔工具"，按住左键拖动鼠标进行绘制，如图5-2-11所示。

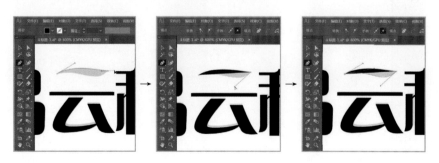

图 5-2-11　绘制"易云科技"标志步骤（11）

（12）使用"矩形工具"绘制页眉的矩形条，选择绘制好的矩形条，移动的同时按住Alt进行复制，再按Ctrl+D多次执行，共生成五个矩形条，如图5-2-12所示。

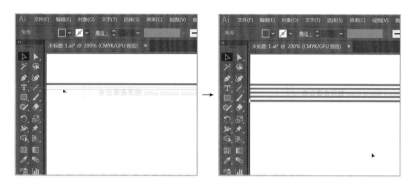

图5-2-12　绘制"易云科技"标志步骤（12）

（13）使用"文字工具"输入页眉的文字信息，如图5-2-13所示。

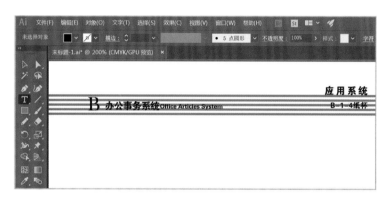

图5-2-13　绘制"易云科技"标志步骤（13）

（14）使用同样的方法制作页脚的图形和文字，如图5-2-14所示。

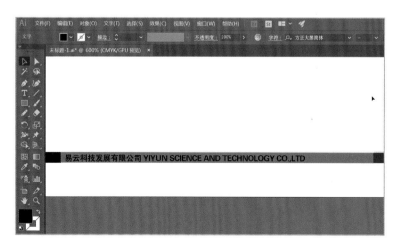

图5-2-14　绘制"易云科技"标志步骤（14）

（15）使用菜单命令"对象>解锁"或快捷键Ctrl+Alt+2解除参考图的锁定。在选项栏将参考图与绘制图形的透明度均调回100%，使用"吸管工具"吸取参考图颜色给图形上色，完成绘制，如图5-2-15所示。

图 5-2-15　绘制"易云科技"标志步骤（15）

【案例2】绘制"易云科技"纸杯

（1）使用菜单命令"文件>新建"或快捷键Ctrl+N，建立一个A4大小的文档。使用菜单命令"文件>置入"置入VI图片。使用"选择工具"或快捷键V选择图片，按住Shift拖角进行等比缩放，调整其在文档中的大小与位置。使用菜单命令"对象>锁定"或快捷键Ctrl+2固定其位置，如图5-2-16所示。

图 5-2-16　绘制"易云科技"纸杯步骤（1）

（2）使用"矩形工具"或快捷键L，绘制一个大矩形作为杯身和一个小矩形作为条纹。选择小矩形，在移动的同时按住Alt进行复制，再按Ctrl+D多次执行复制命令。分别选择小矩形，使用"吸管工具"吸取参考图颜色对其进行上色，如图5-2-17所示。

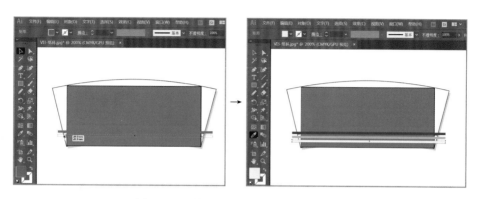

图 5-2-17 绘制"易云科技"纸杯步骤（2）

（3）选择所有矩形，执行菜单命令"窗口 > 对齐"或快捷键"Shift+F7"，选择调板中的【水平居中对齐】选项，如图5-2-18所示。

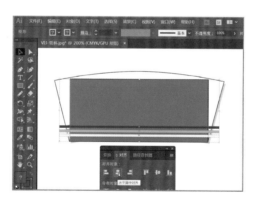

图 5-2-18 绘制"易云科技"纸杯步骤（3）

（4）选择所有矩形，执行菜单命令"对象 > 封套扭曲 > 用变形建立"，选择【弧形】、【水平】选项，如图5-2-19所示。

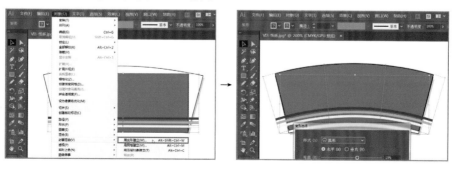

图 5-2-19 绘制"易云科技"纸杯步骤（4）

（5）选择所有形，执行菜单命令"对象 > 扩展"，单击鼠标右键执行菜单命令"取消编组"，如图5-2-20所示。

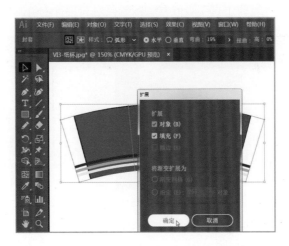

图 5-2-20　绘制"易云科技"纸杯步骤（5）

（6）选择大扇形，使用菜单命令"编辑 > 复制""编辑 > 贴在后面"或快捷键Ctrl+C、Ctrl+ B，在其下面原位复制出另一个扇形。默认复制出的扇形处于选择状态，向右下方移动，将其填充色设置为灰色作为投影，如图5-2-21所示。

图 5-2-21　绘制"易云科技"纸杯步骤（6）

（7）选择红色扇形，使用菜单命令"编辑 > 复制""编辑 > 贴在前面"或快捷键Ctrl+C、Ctrl+ F，在其上面原位复制出另一个扇形（为了区分我们把它的填充色设置为紫色）。选择紫色扇形，使用右键菜单命令"排列 > 置于顶层"将其放在最上面。选择紫色扇形和三个条纹，执行菜单命令"对象 > 剪切蒙版"或快捷键Ctrl+7，如图5-2-22所示。

图 5-2-22 绘制"易云科技"纸杯步骤（7）

（8）选择红色扇形，将其填充色设置为白色。移入标志图形，使用"选择工具"调节大小与角度，如图5-2-23所示。

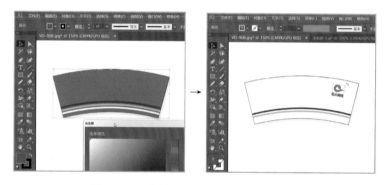

图 5-2-23 绘制"易云科技"纸杯步骤（8）

（9）将填充色设置为白色，描边色设置为黑色。使用"矩形工具"和"圆角矩形工具"绘制杯子外形，如图5-2-24所示。

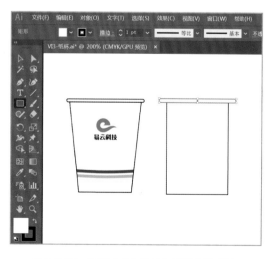

图 5-2-24 绘制"易云科技"纸杯步骤（9）

（10）使用"矩形工具"绘制条纹，移动的同时按住Alt进行复制，再按Ctrl+D多次执行。使用"吸管工具"吸取参考图颜色分别对条纹进行上色，如图5-2-25所示。

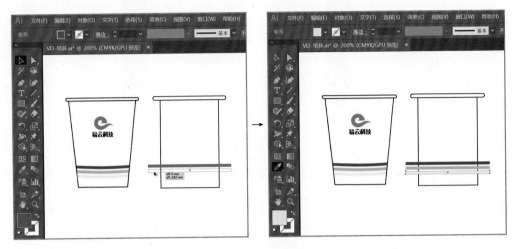

图 5-2-25　绘制"易云科技"纸杯步骤（10）

（11）选择所有图形，执行菜单命令"窗口>对齐"，选择调板中的【水平居中对齐】选项，如图5-2-26所示。

图 5-2-26　绘制"易云科技"纸杯步骤（11）

（12）选择杯身矩形，使用"自由变换工具"或快捷键E，拖动底边角后按住Ctrl+Shift+Alt进行透视变化，如图5-2-27所示。

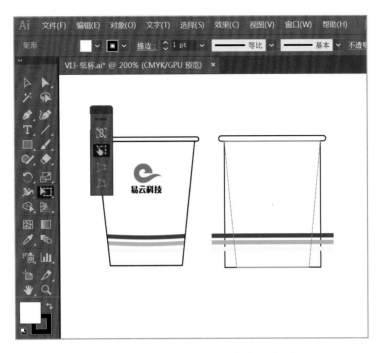

图 5-2-27 绘制"易云科技"纸杯步骤（12）

（13）选择条纹，执行菜单命令"对象 > 封套扭曲 > 用变形建立"，选择【弧形】、【水平】选项，如图 5-2-28 所示。

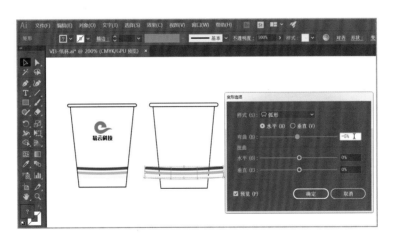

图 5-2-28 绘制"易云科技"纸杯步骤（13）

（14）选择杯身矩形，使用菜单命令"编辑 > 复制""编辑 > 贴在前面"或快捷键 Ctrl+C、Ctrl+ F，在其上面原位复制出另一个杯身矩形（为了区分我们把它的填充色设置为红色）。选择红色矩形，使用右键菜单命令"排列 > 置于顶层"将其放在最上层。选择红色矩形和三个条纹，执行菜单命令"对象 > 剪切蒙版"或快捷键 Ctrl+7，如图 5-2-29 所示。

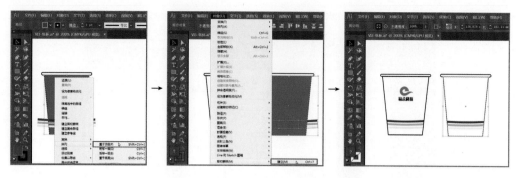

图 5-2-29　绘制"易云科技"纸杯步骤（14）

（15）移入标志图形，使用"选择工具"调节其大小与角度，如图5-2-30所示。

图 5-2-30　绘制"易云科技"纸杯步骤（15）

【案例3】绘制"易云科技"台历

（1）使用菜单命令"文件＞新建"或快捷键Ctrl+N，建立一个A4大小的文档。使用菜单命令"文件＞置入"置入VI图片。使用"选择工具"或快捷键V选择图片，按住Shift拖角进行等比缩放，调整其在文档中的大小与位置。使用菜单命令"对象＞锁定"或快捷键Ctrl+2固定其位置，如图5-2-31所示。

图 5-2-31　绘制"易云科技"台历步骤（1）

（2）使用"钢笔工具"或快捷键P，设置填充色为灰色与浅灰色，点击鼠标绘制台历底座与背面形，如图5-2-32所示。

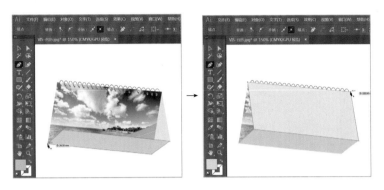

图5-2-32 绘制"易云科技"台历步骤（2）

（3）使用"矩形工具"或快捷键M绘制台历正面形并选择，使用"自由变换工具"或快捷键E，分别拖动侧边与顶边后按住Ctrl进行倾斜变化，如图5-2-33所示。

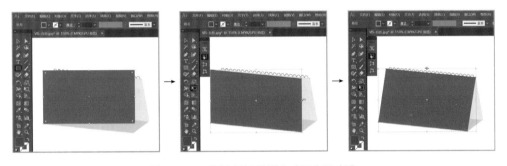

图5-2-33 绘制"易云科技"台历步骤（3）

（4）选择正面形，使用菜单命令"编辑 > 复制""编辑 > 贴在前面"或快捷键Ctrl+C、Ctrl+ F，在其上面原位复制出另一个正面形，使用"吸管工具"为其填上橙色。同样的方法再复制出一个正面形，填上蓝色，如图5-2-34所示。

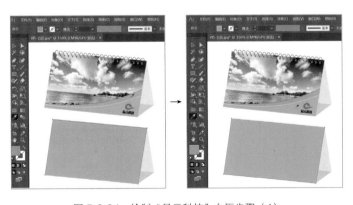

图5-2-34 绘制"易云科技"台历步骤（4）

（5）选择蓝色正面形，使用"钢笔工具"在两侧路径线上加点，并减掉上端的两个顶点，如图5-2-35所示。

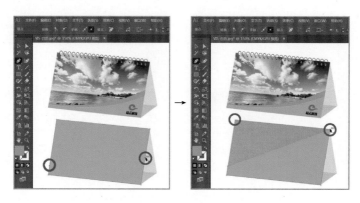

图5-2-35　绘制"易云科技"台历步骤（5）

（6）在变小的蓝色正面形上方路径上加点，按住Alt变为"转换点工具"拖动鼠标将点变为曲线点，如图5-2-36所示。

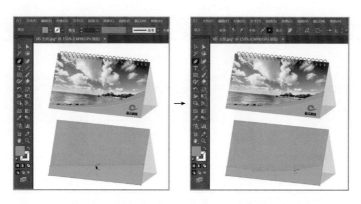

图5-2-36　绘制"易云科技"台历步骤（6）

（7）使用同样的方法制作橙色部分，如图5-2-37所示。

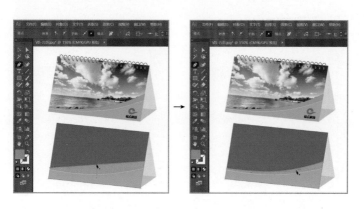

图5-2-37　绘制"易云科技"台历步骤（7）

（8）移入图片素材，使用"自由变换工具"拖动边缘后按住Ctrl对其进行变形，让其符合台历正面的透视关系。选择图片素材，使用右键菜单命令"排列 > 后移一层"，多次执行，将其一直移动到蓝色、橙色条、红色正面形的后面，如图5-2-38所示。

图 5-2-38 绘制"易云科技"台历步骤（8）

（9）选择红色正面形与图片素材，执行菜单命令"对象 > 剪切蒙版"或快捷键Ctrl+7，如图5-2-39所示。

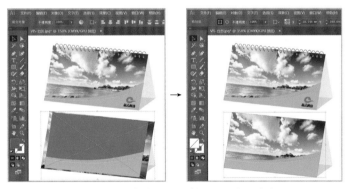

图 5-2-39 绘制"易云科技"台历步骤（9）

（10）将填充色设为灰色，使用"椭圆工具"或快捷键L，绘制孔洞。将填充色取消，描边色设为黑色绘制环形。使用"直接选择工具"或快捷键A，点选环形的右下方路径片段，删除被遮挡的部分，如图5-2-40所示。

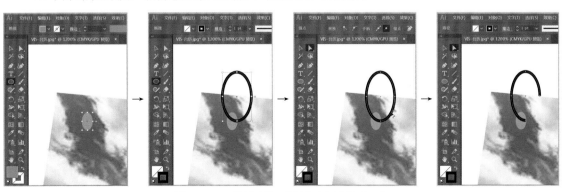

图 5-2-40 绘制"易云科技"台历步骤（10）

（11）选择孔洞和环形，使用右键菜单命令进行编组，如图5-2-41所示。

（12）选择编组后的图形，移动的同时按住Alt进行复制，如图5-2-42所示。

图 5-2-41　绘制"易云科技"台历步骤（11）　　图 5-2-42　绘制"易云科技"台历步骤（12）

（13）双击"混合工具"，在对话框中选择【间距】选项为【指定的步数】，设置数值为20，依次点击两端的编组形生成混合效果，如图5-2-43所示。

图 5-2-43　绘制"易云科技"台历步骤（13）

（14）移入标志形，使用"自由变换工具"拖动边缘后按住Ctrl对其进行变形让其符合台历正面的透视关系，完成绘制，如图5-2-44所示。

图 5-2-44　绘制"易云科技"台历步骤（14）

第6章

吉祥物、插画绘制

本章知识点：网格工具、效果菜单等。

学习目标：了解复杂图形的绘制流程，掌握各种类型吉祥物、插画的具体绘制方法与技巧。

对于复杂的卡通插画Illustrator也表现得游刃有余，本章将深入讲解"渐变网格"等工具的用法以及其在卡通插画中的应用。通过本章的学习，读者可以轻松掌握复杂图形的绘制方法与技巧。

6.1 2维与3维吉祥物绘制

吉祥物的外轮廓，我们主要通过"钢笔工具"与"画形工具"创建；吉祥物的颜色变化，我们主要通过"渐变工具"和"网格工具"制作；另外一些渐隐的效果，我们可以通过"不透明蒙版"去完成。

"网格工具"，快捷键是U，主要用于给对象添加不规则的渐变色彩。"网格工具"通过在对象内部添加十字点，改变十字点的位置和颜色从而改变局部色彩。

使用"网格工具"在有颜色的对象内部点击鼠标添加十字点（按住Alt是删除十字点），按住Shift可以让十字点沿着十字线移动从而改变点的位置。选中十字点双击拾色器可改变十字点的颜色（十字点的颜色沿着十字线向四周的点延伸过渡）。通过不断加点并调节点的位置与颜色，就能制作出丰富的色彩变化以及立体效果，如图6-1-1所示。

注：选择多个十字点，可以使用"直接选择工具"按住Shift加选点，或者用"套索工具"圈选点。

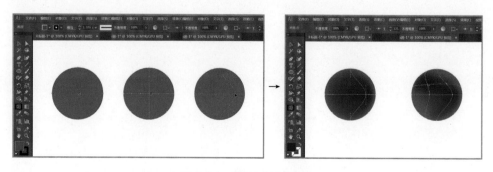

图 6-1-1　增加十字点的效果

【案例】

【案例1】绘制"2005日本爱知世博会"吉祥物

（1）使用菜单命令"文件 > 新建"或快捷键Ctrl+N，建立一个A4大小的文档。使用菜单命令"文件 > 置入"置入吉祥物图片。使用"选择工具"或快捷键V选择图片，按住Shift拖角进行等比缩放，调整其在文档中的大小与位置。在选项栏将其不透明度设为10%作为绘图的参考。使用菜单命令"对象 > 锁定"或快捷键Ctrl+2固定其位置，如图6-1-2所示。

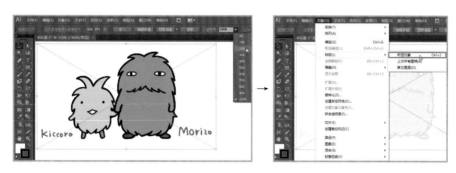

图6-1-2 绘制"2005日本爱知世博会"吉祥物步骤（1）

（2）将填充色取消，描边颜色设为红色。使用"钢笔工具"或快捷键P（为了便于修改，在选择"钢笔工具"之前先点击"直接选择工具"），按住左键拖动鼠标绘制曲线，绘制过程中注意方向线的长短与角度，如图6-1-3所示。

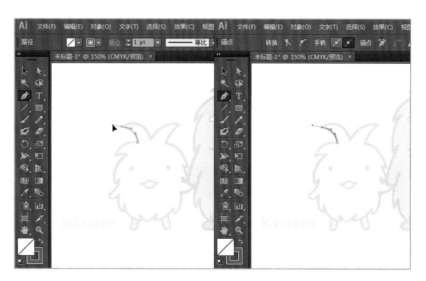

图6-1-3 绘制"2005日本爱知世博会"吉祥物步骤（2）

（3）在"钢笔工具"下，按住Alt变为"转换点工具"对手柄进行转向（将平滑点转换为转角点），继续在下一点按住左键拖动鼠标绘制曲线，如图6-1-4所示。

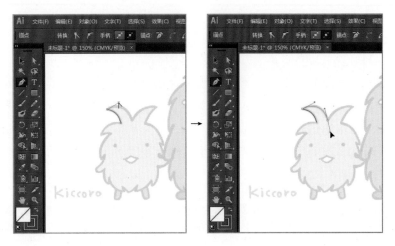

图 6-1-4　绘制"2005 日本爱知世博会"吉祥物步骤（3）

（4）用同样的方法绘制其余的轮廓线，在最后闭合时候按住 Alt 在终点拖动鼠标进行转角点的闭合，如图 6-1-5 所示。

图 6-1-5　绘制"2005 日本爱知世博会"吉祥物步骤（4）

（5）用同样的方法绘制另一个吉祥物的轮廓线，如图 6-1-6 所示。

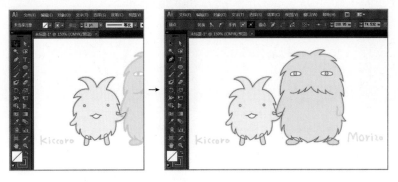

图 6-1-6　绘制"2005 日本爱知世博会"吉祥物步骤（5）

（6）单独绘制手部的轮廓线，如图6-1-7所示。

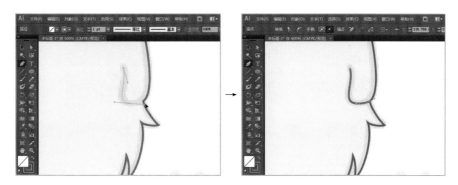

图6-1-7　绘制"2005日本爱知世博会"吉祥物步骤（6）

（7）全选绘制好的线稿，移动到右侧，如图6-1-8所示。

图6-1-8　绘制"2005日本爱知世博会"吉祥物步骤（7）

（8）依次选择封闭路径，使用"吸管工具"吸取参考图颜色进行上色，如图6-1-9所示。

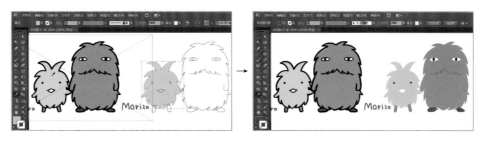

图6-1-9　绘制"2005日本爱知世博会"吉祥物步骤（8）

（9）选择吉祥物的脚，使用右键菜单命令"排列 > 置于底层"将其放在身体的下层，如图6-1-10所示。

图 6-1-10　绘制"2005 日本爱知世博会"吉祥物步骤（9）

（10）选择除左侧吉祥物眼睛以外的所有图形，将描边色设为黑色，并在选项栏调节其粗细，如图6-1-11所示。

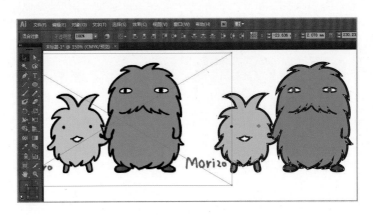

图 6-1-11　绘制"2005 日本爱知世博会"吉祥物步骤（10）

（11）完成绘制，如图6-1-12所示。

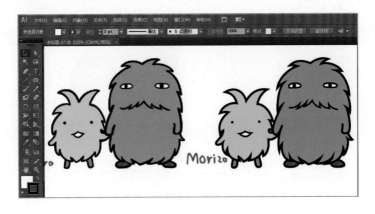

图 6-1-12　绘制"2005 日本爱知世博会"吉祥物步骤（11）

【案例2】绘制"腾讯QQ即时通信软件"吉祥物

（1）使用菜单命令"文件 > 新建"或快捷键Ctrl+N，建立一个A4大小的文档。使用菜单命令"文件 > 置入"置入吉祥物图片。使用"选择工具"或快捷键V选择图片，按住Shift拖角进行等比缩放，调整其在文档中的大小与位置。在选项栏将其不透明度设为10%作为绘图的参考。使用菜单命令"对象 > 锁定"或快捷键Ctrl+2固定其位置，如图6-1-13所示。

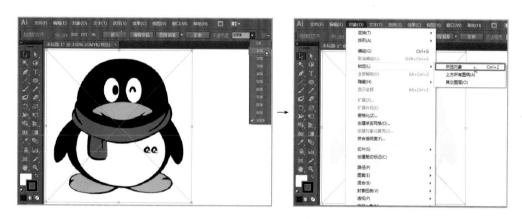

图 6-1-13　绘制"腾讯 QQ 即时通信软件"吉祥物步骤（1）

（2）将填充色取消，描边颜色设为红色。使用"钢笔工具"或快捷键P（为了便于修改，在选择"钢笔工具"之前先点击"直接选择工具"），按住左键拖动鼠标绘制曲线，绘制过程中注意方向线的长短与角度，如图6-1-14所示。

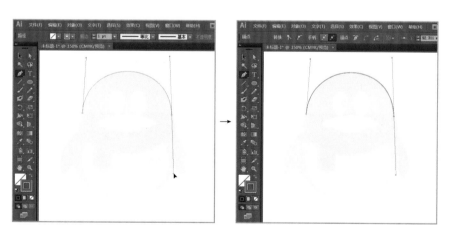

图 6-1-14　绘制"腾讯 QQ 即时通信软件"吉祥物步骤（2）

（3）在"钢笔工具"下，按住Alt变为"转换点工具"对手柄进行转向（将平滑点转换为转角点），继续在下一点按住左键拖动鼠标绘制曲线，如图6-1-15所示。

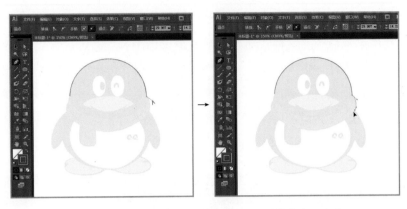

图 6-1-15　绘制"腾讯 QQ 即时通信软件"吉祥物步骤（3）

（4）用同样的方法绘制其余的轮廓线，在最后闭合时候按住 Alt 在终点拖动鼠标进行转角点的闭合，如图 6-1-16 所示。

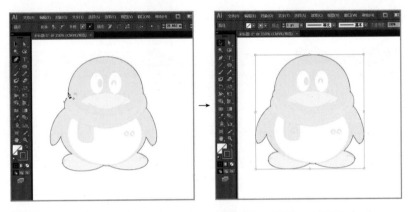

图 6-1-16　绘制"腾讯 QQ 即时通信软件"吉祥物步骤（4）

（5）用同样的方法绘制外轮廓内的线，为了便于上色，注意每一个单独的颜色区域都要使用路径进行闭合，如图 6-1-17 所示。

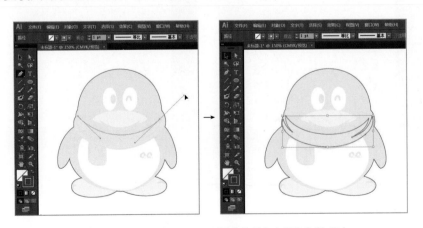

图 6-1-17　绘制"腾讯 QQ 即时通信软件"吉祥物步骤（5）

（6）眼睛可以使用"椭圆工具"或快捷键L进行绘制，如图6-1-18所示。

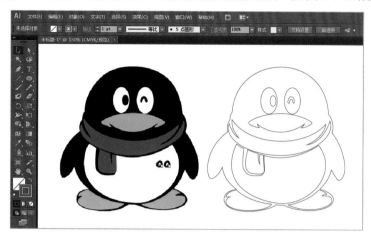

图 6-1-18 绘制"腾讯 QQ 即时通信软件"吉祥物步骤（6）

（7）依次选择封闭路径，使用"吸管工具"吸取参考图颜色进行上色，如图6-1-19所示。

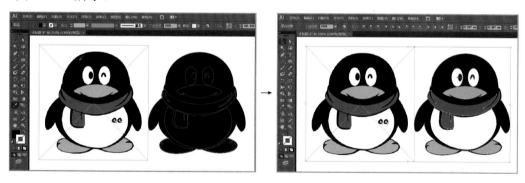

图 6-1-19 绘制"腾讯 QQ 即时通信软件"吉祥物步骤（7）

（8）完成绘制，如图6-1-20所示。

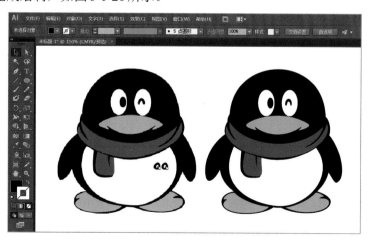

图 6-1-20 绘制"腾讯 QQ 即时通信软件"吉祥物步骤（8）

【案例3】绘制"京东自营电商"吉祥物

（1）使用菜单命令"文件 > 新建"或快捷键Ctrl+N，建立一个A4大小的文档。使用菜单命令"文件 > 置入"置入吉祥物图片。使用"选择工具"或快捷键V选择图片，按住Shift拖角进行等比缩放，调整其在文档中的大小与位置。使用菜单命令"对象 > 锁定"或快捷键Ctrl+2固定其位置，如图6-1-21所示。

图 6-1-21　绘制"京东自营电商"吉祥物步骤（1）

（2）将填充色取消，描边颜色设为蓝色。使用"钢笔工具"或快捷键P（为了便于修改，在选择"钢笔工具"之前先点击"直接选择工具"），按住左键拖动鼠标绘制曲线，绘制过程中注意方向线的长短与角度，如图6-1-22所示。

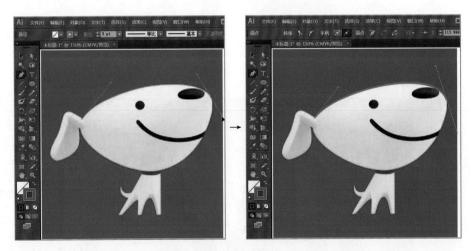

图 6-1-22　绘制"京东自营电商"吉祥物步骤（2）

（3）在"钢笔工具"下，在需要急转的地方按住Alt变为"转换点工具"，对手柄进行转向（将平滑点转换为转角点），继续在下一点按住左键拖动鼠标绘制曲线，在最后闭合时候按住Alt在终点拖动鼠标进行转角点的闭合，如图6-1-23所示。

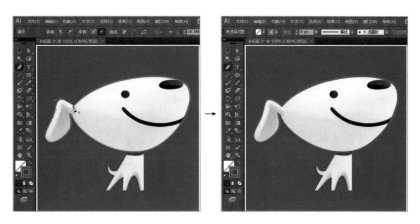

图 6-1-23 绘制"京东自营电商"吉祥物步骤（3）

（4）用同样的方法完成所有的线形绘制，如图6-1-24所示。

图 6-1-24 绘制"京东自营电商"吉祥物步骤（4）

（5）将填充色设为红色，使用"矩形工具"或快捷键M绘制底层矩形，使用右键菜单命令"排列 > 置于底层"将其放在最下层，如图6-1-25所示。

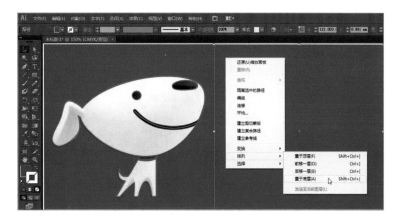

图 6-1-25 绘制"京东自营电商"吉祥物步骤（5）

（6）将之前绘制好的路径形移动到右侧，依次选择封闭路径，使用"吸管工具"吸取参考图颜色对其进行上色，如图6-1-26所示。

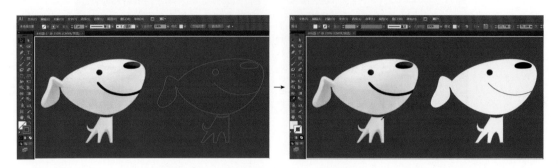

图6-1-26　绘制"京东自营电商"吉祥物步骤（6）

（7）选择吉祥物头部，使用"网格工具"或快捷键U，在其内部点击鼠标左键创建一个十字线。按住Shift可以让十字点沿着十字线移动从而改变点的位置，通过方向线调节十字线的位置，如图6-1-27所示。

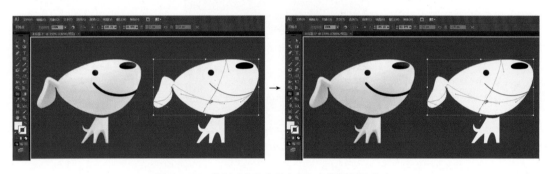

图6-1-27　绘制"京东自营电商"吉祥物步骤（7）

（8）继续使用"网格工具"添加十字点（在纵向线上点击鼠标只添加横向线），调节点的位置和线的位置，如图6-1-28所示。

图6-1-28　绘制"京东自营电商"吉祥物步骤（8）

（9）在吉祥物耳部的下方线上点击鼠标左键添加点，按住Shift可以让十字点沿着十字线移动从而改变点的位置，如图6-1-29所示。

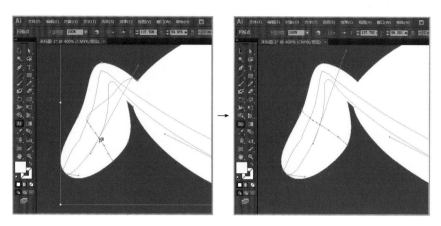

图6-1-29 绘制"京东自营电商"吉祥物步骤（9）

（10）依次选择吉祥物耳部和头部下方的十字点，使用"吸管工具"吸取参考图颜色对其进行上色，如图6-1-30所示。

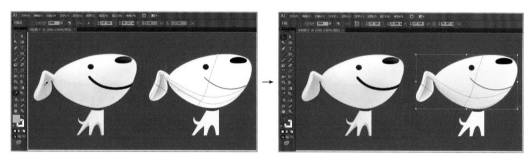

图6-1-30 绘制"京东自营电商"吉祥物步骤（10）

（11）使用"网格工具"用同样的方法在吉祥物身体部分点击鼠标左键添加十字点并调节点与线的位置，如图6-1-31所示。

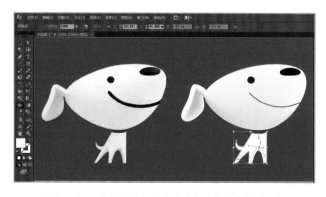

图6-1-31 绘制"京东自营电商"吉祥物步骤（11）

（12）继续使用"网格工具"添加十字点，调节点的位置和线的位置，如图6-1-32所示。

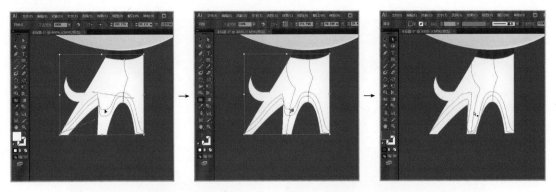

图 6-1-32　绘制"京东自营电商"吉祥物步骤（12）

（13）选择十字点，使用"吸管工具"吸取参考图颜色对其进行上色，如图6-1-33所示。

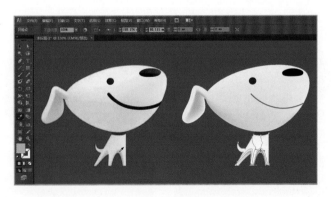

图 6-1-33　绘制"京东自营电商"吉祥物步骤（13）

（14）选择吉祥物的鼻子，使用"网格工具"添加十字点，并调节点的位置和颜色，如图6-1-34所示。

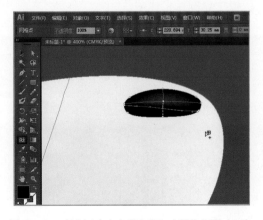

图 6-1-34　绘制"京东自营电商"吉祥物步骤（14）

（15）选择嘴部路径线，使用菜单命令"对象>扩展"将【描边】转换为【填充】。使用"直接选择工具"选择【描边】编辑外形，使其右侧边缘与头部形相贴合，如图6-1-35所示。

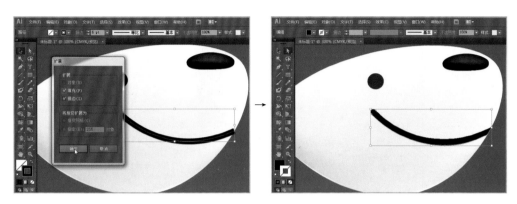

图 6-1-35 绘制"京东自营电商"吉祥物步骤（15）

（16）完成绘制。最终效果如图6-1-36所示。

图 6-1-36 绘制"京东自营电商"吉祥物步骤（16）

【案例4】绘制"2010南非世界杯"吉祥物

（1）使用菜单命令"文件>新建"或快捷键Ctrl+N，建立一个A4大小的文档。使用菜单命令"文件>置入"置入吉祥物图片。使用"选择工具"或快捷键V选择图片，按住Shift拖角进行等比缩放，调整其在文档中的大小与位置。在选项栏将其不透明度设为10%作为绘图的参考。使用菜单命令"对象>锁定"或快捷键Ctrl+2固定其位置，如图6-1-37所示。

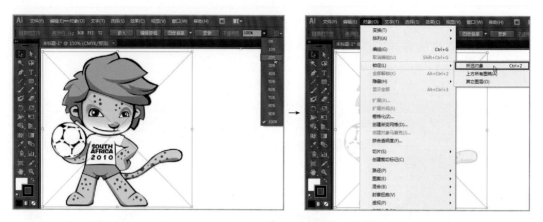

图 6-1-37　绘制"2010 南非世界杯"吉祥物步骤（1）

（2）将填充色取消，描边颜色设为蓝色。使用"钢笔工具"或快捷键P（为了便于修改，在选择"钢笔工具"之前先点击"直接选择工具"），按住左键拖动鼠标绘制曲线，绘制过程中注意方向线的长短与角度，如图6-1-38所示。

图 6-1-38　绘制"2010 南非世界杯"吉祥物步骤（2）

（3）在"钢笔工具"下，在需要急转的地方按住Alt变为"转换点工具"，对手柄进行转向（将平滑点转换为转角点），继续在下一点按住左键拖动鼠标绘制曲线，如图6-1-39所示。

图 6-1-39　绘制"2010南非世界杯"吉祥物步骤（3）

（4）在最后闭合时候按住 Alt 在终点拖动鼠标进行转角点的闭合，如图6-1-40所示。

图 6-1-40　绘制"2010南非世界杯"吉祥物步骤（4）

（5）用同样的方法完成所有的线形绘制，注意每一个单独的颜色区域都要使用路径进行闭合，如图6-1-41所示。

图 6-1-41　绘制"2010 南非世界杯"吉祥物步骤（5）

（6）吉祥物头发的明暗层次，要分三层即三个闭合路径（黑色底、绿色头发、深绿色阴影）进行绘制，如图6-1-42所示。

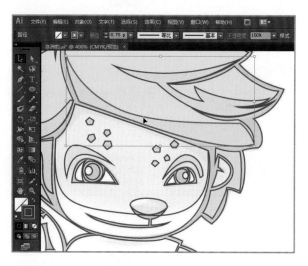

图 6-1-42　绘制"2010 南非世界杯"吉祥物步骤（6）

（7）选择所有路径移动到右侧，依次选择封闭路径，使用"吸管工具"吸取参考图颜色对其进行上色，如图6-1-43所示。

图 6-1-43　绘制"2010 南非世界杯"吉祥物步骤（7）

（8）上色完成效果如图6-1-44所示。

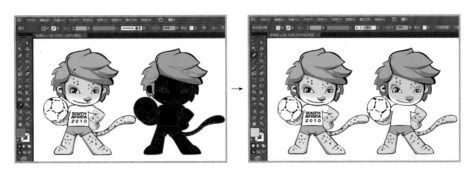

图 6-1-44　绘制 "2010南非世界杯" 吉祥物步骤（8）

（9）选择吉祥物脸部颜色，移动的同时按住Alt进行复制。将复制的图形的填充色设置为黑色，并使用 "网格工具" 或快捷键U添加十字点，调节十字点的位置和颜色，得到一个黑白渐变形，如图6-1-45所示。

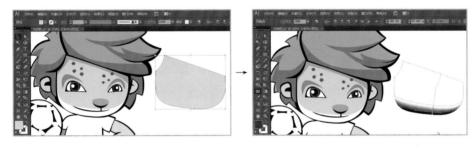

图 6-1-45　绘制 "2010南非世界杯" 吉祥物步骤（9）

（10）将吉祥物脸部颜色移动到右侧与黑白渐变形重合对齐，框选这两个重合图形，执行菜单命令 "窗口 > 透明度" 或快捷键Ctrl+Shift+F10调板中的 "建立不透明蒙版"，生成黄色渐隐效果，将其移动回原来左侧脸部位置，如图6-1-46所示。

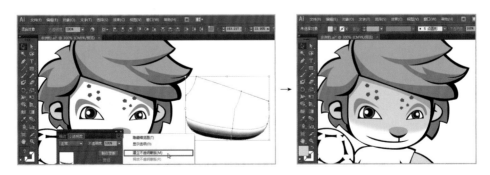

图 6-1-46　绘制 "2010南非世界杯" 吉祥物步骤（10）

（11）选择吉祥物鼻子，使用 "网格工具" 添加十字点，并调节点的位置和颜色，如图6-1-47所示。

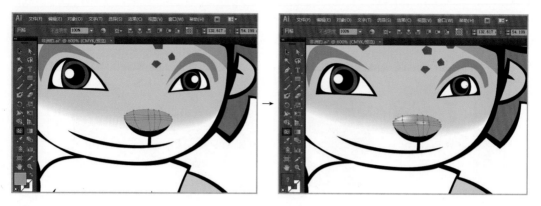

图 6-1-47　绘制"2010 南非世界杯"吉祥物步骤（11）

（12）使用"文字工具"或快捷键 T，拉框添加相应文字，完成绘制，如图 6-1-48 所示。

图 6-1-48　绘制"2010 南非世界杯"吉祥物步骤（12）

6.2　2.5维插画绘制

2.5维插画是最近几年兴起的一种插画形式，在2维空间表现3维效果，比2维有趣，又不用像3维建模那么复杂。2.5维插画的特点是轴侧图，不存在透视关系（即近大远小），所有线角度都是既定的。

绘制2.5维插画，我们主要通过给基本的矩形和圆形添加"凸出与斜角命令"，把2维转化为类似3维的效果，再使用"扩展外观"命令把3维效果变为路径进行修改和上色。

执行菜单命令"效果菜单 > 3D > 凸出和斜角"，可以给2维形添加一个厚度，使其变为类似3维的效果。执行命令后，勾选【预览】项，就可以看到效果，点击【更多选项】会显示全部的参数，如图 6-2-1 所示。

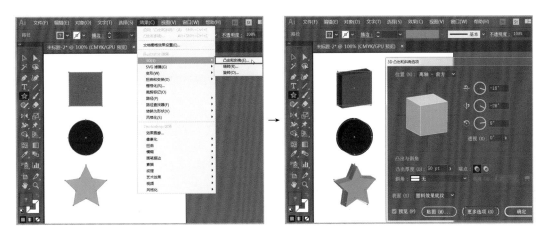

图 6-2-1 为 2 维图形添加类似 3 维的效果

点开【更多选项】，通过调节角度和厚度，以及光照的方向等参数，我们就可以得到我们想要的效果，如图6-2-2所示。

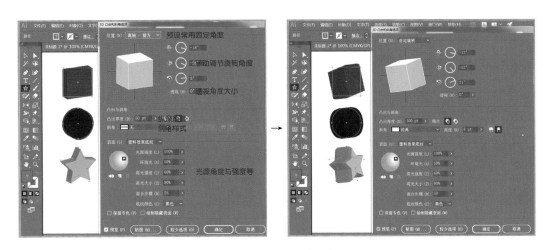

图 6-2-2 调节更丰富的效果

【案例】

【案例1】绘制2.5维插画

（1）使用菜单命令"文件 > 新建"或快捷键Ctrl+N，建立一个A4大小的文档。使用菜单命令"文件 > 置入"置入吉祥物图片。使用"选择工具"或快捷键V选择图片，按住Shift拖角进行等比缩放，调整其在文档中的大小与位置。使用菜单命令"对象 > 锁定"或快捷键Ctrl+2固定其位置，如图6-2-3所示。

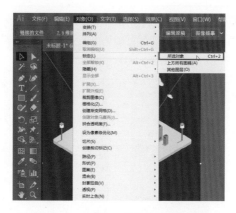

图 6-2-3　绘制 2.5 维插画步骤（1）

（2）因为是轴测图，所以我们先要绘制出一个网格作为绘图的参考。使用"多边形工具"绘制正六边形，使用"画线工具"捕捉六边形的对角点进行连线（显示捕捉的特征点需要勾选"视图 > 智能参考线"）。选择所有图形，单击右键菜单进行编组，如图6-2-4所示。

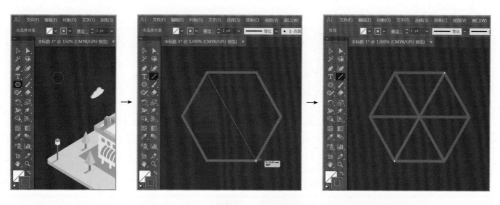

图 6-2-4　绘制 2.5 维插画步骤（2）

（3）选择编组形，双击"旋转工具"，在弹出的对话框中设置角度为30°。对旋转后的编组形按住 Alt 向正右方进行移动复制，使其与原图形紧贴，如图6-2-5所示。

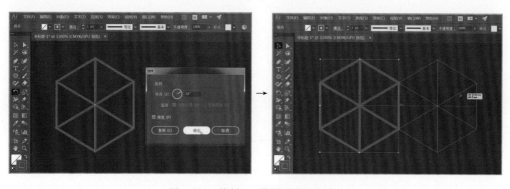

图 6-2-5　绘制 2.5 维插画步骤（3）

（4）使用Ctrl+D再次执行命令，复制出一排，长度覆盖画板大小。全选移动这一排到画板的上方，再按住Alt向右下方进行移动复制，通过自动捕捉不留缝隙对好位置，如图6-2-6所示。

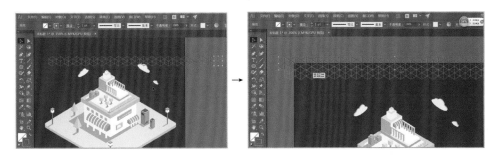

图6-2-6 绘制2.5维插画步骤（4）

（5）全选两排图形，按住Alt向正下方进行移动复制。使用Ctrl+D再次执行命令，复制出一面网格形，大小覆盖整个画板，如图6-2-7所示。

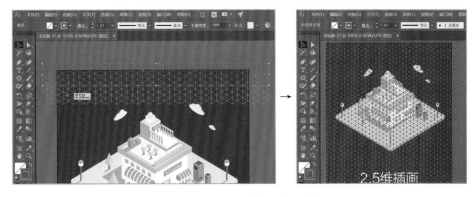

图6-2-7 绘制2.5维插画步骤（5）

（6）在选项栏将网格形的描边调细一些，使用菜单命令"对象>锁定"或快捷键Ctrl+2将其锁定，作为2.5维画形时角度的参考，如图6-2-8所示。

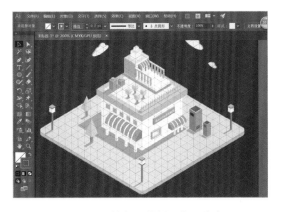

图6-2-8 绘制2.5维插画步骤（6）

（7）使用"圆角矩形工具"绘制圆角矩形，执行菜单命令"效果 > 3D > 凸出与斜角"，勾选【预览】，设置【位置】项为【等角-上方】，调节矩形的厚度，点击【确定】，如图6-2-9所示。

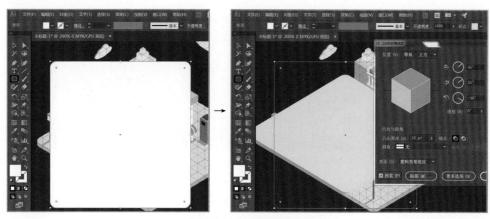

图 6-2-9　绘制 2.5 维插画步骤（7）

（8）使用"选择工具"调节图形大小，执行菜单命令"对象 > 扩展外观"将效果变为路径，如图6-2-10所示。

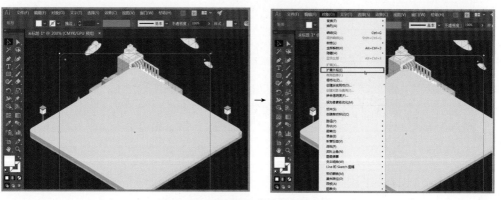

图 6-2-10　绘制 2.5 维插画步骤（8）

（9）使用"选择工具"选择扩展后的所有路径，用"吸管工具"上深色，再使用"直接选择工具"单独点选顶层那一面，用"吸管工具"上浅色，如图6-2-11所示。

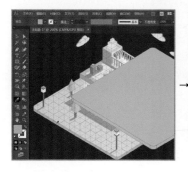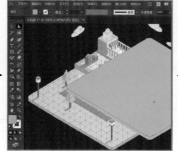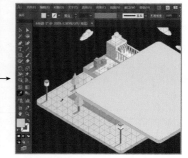

图 6-2-11　绘制 2.5 维插画步骤（9）

（10）使用"矩形工具"或快捷键M，按住左键拖动鼠标（加按Shift保证等比）绘制正方形。执行菜单命令"效果 > 3D > 凸出与斜角"，调节矩形厚度，点击【确定】。使用"选择工具"调节图形大小，如图6-2-12所示。

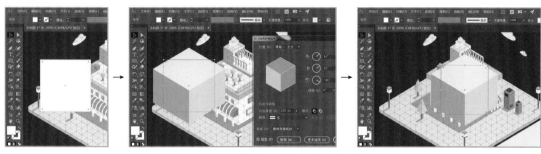

图6-2-12 绘制2.5维插画步骤（10）

（11）使用菜单命令"窗口 > 外观"调出外观调板可以修改"3D凸出与斜角"的参数。这样我们就可以通过"选择工具"调节图形大小，通过"外观调板"修改厚度，最终得到满意的外形，如图6-2-13所示。

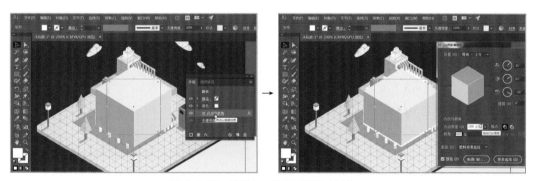

图6-2-13 绘制2.5维插画步骤（11）

（12）执行菜单命令"对象 > 扩展外观"将效果变为路径。使用"直接选择工具"单独点选各个面，用"吸管工具"分别进行上色，如图6-2-14所示。

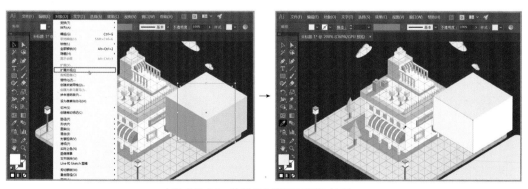

图6-2-14 绘制2.5维插画步骤（12）

（13）使用"矩形工具"，按住左键拖动鼠标（加按Shift保证等比）绘制正方形。选择正方形，使用菜单命令"编辑 > 复制""编辑 > 贴在前面"或快捷键Ctrl+C、Ctrl+F，在其上面原位复制出一个正方形。默认复制出的正方形处于选择状态，按住Alt+Shift拖角进行中心点等比缩小，如图6-2-15所示。

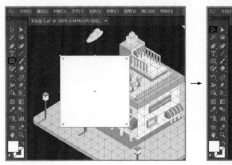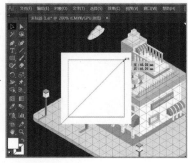

图6-2-15　绘制2.5维插画步骤（13）

（14）选择两个正方形，执行菜单命令"窗口 > 路径查找器"或快捷键Ctrl+Shift+F9调板中的【分割】选项。执行菜单命令"效果 > 3D > 凸出与斜角"，调节厚度，点击【确定】。使用"选择工具"调节图形大小。使用菜单命令"窗口 > 外观"可以修改"3D凸出与斜角"的厚度参数，如图6-2-16所示。

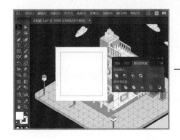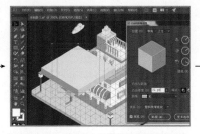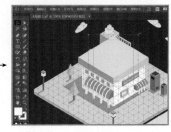

图6-2-16　绘制2.5维插画步骤（14）

（15）使用"选择工具"调节图形大小，执行菜单命令"对象 > 扩展外观"将效果变为路径。使用"选择工具"选择扩展后的所有路径，用"吸管工具"上深色，再使用"直接选择工具"单独点选顶层那一面边框与平面，用"吸管工具"上浅色，如图6-2-17所示。

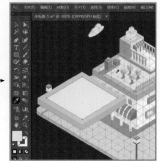

图6-2-17　绘制2.5维插画步骤（15）

（16）使用同样的方法绘制两个正方形，执行菜单命令"窗口 > 路径查找器"选择调板中的【相减】选项，如图6-2-18所示。

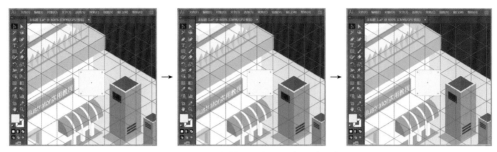

图6-2-18 绘制2.5维插画步骤（16）

（17）执行菜单命令"效果 > 3D > 凸出与斜角"，调节图形厚度，点击【确定】。使用"选择工具"调节图形大小。执行菜单命令"对象 > 扩展外观"将效果变为路径。使用"选择工具"选择扩展后的所有路径，用"吸管工具"上深色，再使用"直接选择工具"单独点选顶层平面边框，用"吸管工具"上浅色，如图6-2-19所示。

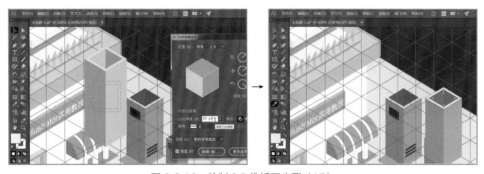

图6-2-19 绘制2.5维插画步骤（17）

（18）使用同样的方法通过"路径查找器"命令制作窗框，如图6-2-20所示。

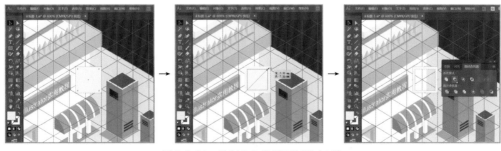

图6-2-20 绘制2.5维插画步骤（18）

（19）执行菜单命令"效果 > 3D > 凸出与斜角"，注意【位置】选择【等角 - 上方】选项，调节厚度，点击【确定】。使用"直接选择工具"框选右侧框调节图形大小，如图6-2-21所示。

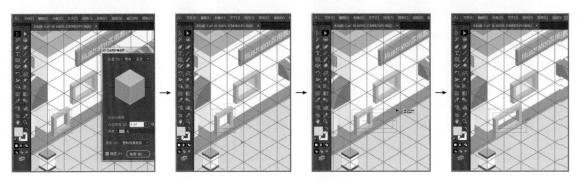

图 6-2-21　绘制 2.5 维插画步骤（19）

（20）执行菜单命令"对象 > 扩展外观"将效果变为路径。使用"直接选择选择工具"点选单独每一部分，用"吸管工具"上色，如图6-2-22所示。

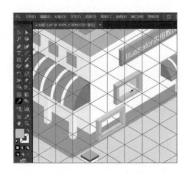

图 6-2-22　绘制 2.5 维插画步骤（20）

（21）选择不同的填充色，使用"钢笔工具"点击鼠标绘制窗户投影与内部形，如图6-2-23所示。

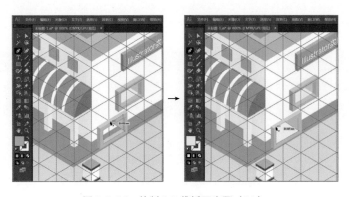

图 6-2-23　绘制 2.5 维插画步骤（21）

（22）选择绘制好的投影与内部形，多次使用右键菜单命令"排列 > 后移一层"将其后移，直到移动到窗框下方，如图6-2-24所示。

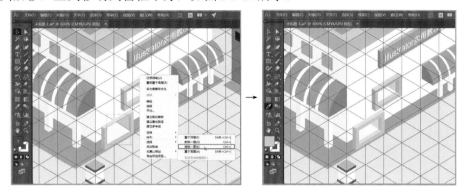

图 6-2-24 绘制 2.5 维插画步骤（22）

（23）使用"矩形工具"或快捷键M，按住左键拖动鼠标（加按Shift保证等比）绘制正方形。执行菜单命令"效果 > 3D > 凸出与斜角"，调节厚度，点击【确定】。使用"选择工具"调节图形大小，如图6-2-25所示。

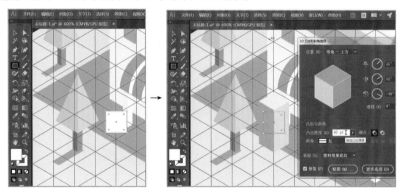

图 6-2-25 绘制 2.5 维插画步骤（23）

（24）执行菜单命令"对象 > 扩展外观"将效果变为路径。使用"直接选择工具"点选顶部平面并删除。使用"钢笔工具"对左右两边形的顶点进行减点操作。使用"直接选择工具"分别选择左右形，使用"吸管工具"进行上色，如图6-2-26所示。

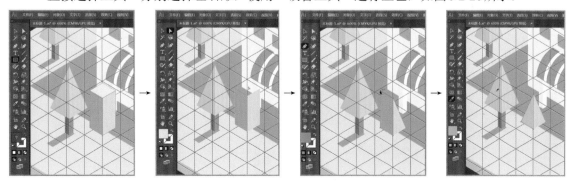

图 6-2-26 绘制 2.5 维插画步骤（24）

（25）使用"椭圆工具"或快捷键L，按住Shift拖动鼠标绘制正圆。使用"画线工具"捕捉圆形的象限点，绘制十字线。选择圆形和十字线，执行菜单命令"窗口 >路径查找器"或快捷键Ctrl+Shift+F9调板中的【分割】选项。使用"直接选择工具"点选其他四分之一圆并删除，如图6-2-27所示。

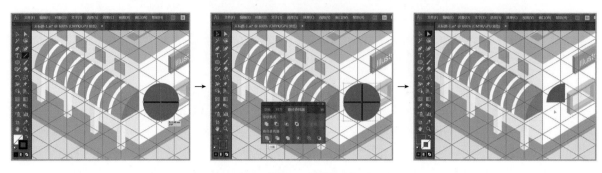

图6-2-27　绘制2.5维插画步骤（25）

（26）选择四分之一圆，执行菜单命令"效果 > 3D > 凸出与斜角"，调节图形厚度，点击【确定】。使用"选择工具"调节图形大小，如图6-2-28所示。

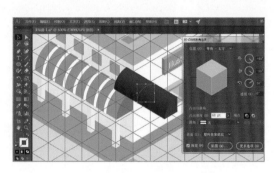

图6-2-28　绘制2.5维插画步骤（26）

（27）按住Alt进行移动，复制出一个新图形。使用菜单命令"窗口 > 外观"，调整凸出与斜角的厚度参数，如图6-2-29所示。

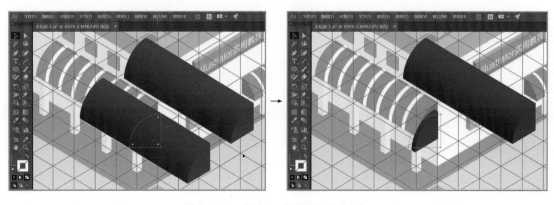

图6-2-29　绘制2.5维插画步骤（27）

（28）对两个图形都执行菜单命令"对象 > 扩展外观"将其变为路径。较大的图形使用"选择工具"选择扩展后的所有路径，用"吸管工具"上浅色，再使用"直接选择工具"单独点选右侧面，用"吸管工具"上深色。对于较小的图形，使用用"直接选择工具"单独点选删除右侧面，剩下的弧面使用"吸管工具"上白色，如图6-2-30所示。

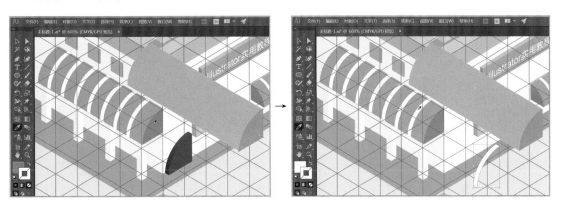

图 6-2-30　绘制 2.5 维插画步骤（28）

（29）将白色弧面移动到较大图形的一端，按住 Alt 移动复制出一个弧面放到另一端，如图6-2-31所示。

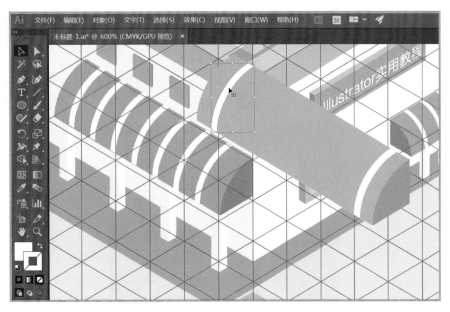

图 6-2-31　绘制 2.5 维插画步骤（29）

（30）双击"混合工具"，在对话框中选择【间距】为【指定的步数】，设置数值选择【确定】，依次点击左右两端的弧面（或者选择两个弧面后使用快捷键Ctrl+Alt+B），在两者之间建立混合，如图6-2-32所示。

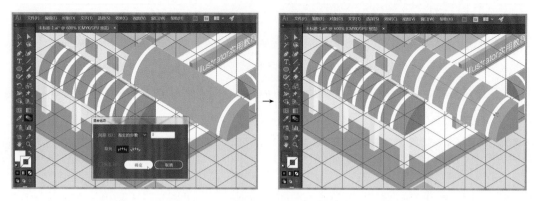

图 6-2-32　绘制 2.5 维插画步骤（30）

（31）使用"矩形工具"绘制矩形。执行菜单命令"效果 > 3D > 凸出与斜角"，调节厚度为0，点击【确定】。使用"选择工具"调节图形大小，制作投影形，如图6-2-33所示。

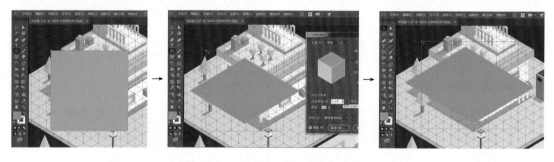

图 6-2-33　绘制 2.5 维插画步骤（31）

（32）使用同样的方法制作其他图形，调节它们的大小与位置，并注意图形间的上下顺序。使用菜单命令"对象 > 解锁"或快捷键Ctrl+Alt+2解除参考网格形的锁定，并删除网格形，完成绘制，如图6-2-34所示。

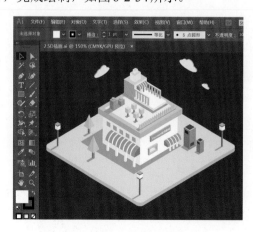

图 6-2-34　绘制 2.5 维插画步骤（32）

第7章
产品造型、创意特效设计

本章知识点：钢笔工具、变换工具、渐变工具、网格工具等。

学习目标：了解产品造型设计与创意特效设计中立体、特效、质感等效果的具体绘制方法与技巧。

Illustrator在产品造型和创意特效方面也有不错的表现。本章将深入讲解这两类设计的制作方法与流程，让你更好地表现效果与质感。

7.1 产品造型设计

作为一款2维绘图软件，Illustrator虽然不能制作产品的3维模型，但是我们通过一些特效表现，是可以快速设计产品外观的一些概念图的。

【案例】

【案例1】绘制酒瓶效果图

（1）使用菜单命令"文件 > 新建"或快捷键Ctrl+N新建一个空白文档，在弹出的对话框重新命名"酒瓶设计"并调整纸张大小如图7-1-1所示。使用"矩形工具"或快捷键M绘制一个与画板大小相同的矩形，在工具栏底部将其切换为渐变模式，在"渐变"调板中设置类型为【径向】，点击鼠标左键添加渐变色标，依次选择色标并设置颜色为白色、紫色、深紫色，如图7-1-2所示。

图 7-1-1　新建空白文档

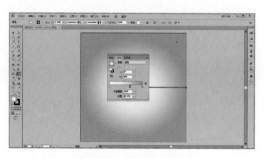

图 7-1-2　设置渐变效果

（2）将填充色设为白色，描边色为黑色。使用"钢笔工具"或快捷键P（为了便于修改，在选择"钢笔工具"之前先点击"直接选择工具"）在画板中间位置绘制出半边的瓶身形状，如图7-1-3所示。使用"选择工具"或快捷键V，选中半边瓶身，移动的同时按住Alt进行复制（加按Shift保持水平），对复制出的图形使用"镜像工具"或快捷键O命令，按住Shift水平拖动鼠标将其翻转，如图7-1-4所示。

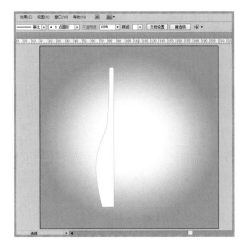 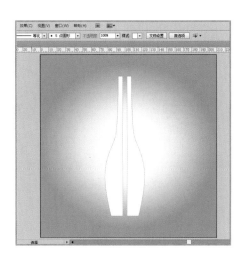

图 7-1-3　绘制半边瓶身　　　　　　　　图 7-1-4　使用"镜像工具"命令

（3）使用"选择工具"将左右两个半瓶互相贴近，按住Shift点击两个半瓶形将其全部选中，执行菜单命令"窗口＞路径查找器"或快捷键Ctrl+Shift+F9，选择调板中的【相加】选项，将两者合并，如图7-1-5所示。

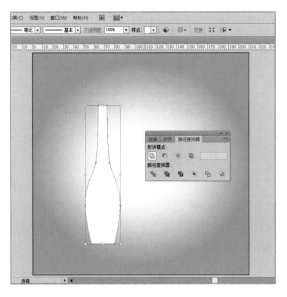

图 7-1-5　合并图形

（4）选择瓶身，在工具栏底部将其切换为渐变模式，在"渐变"调板中设置类型为【线性】，点击鼠标左键添加渐变色标，依次选择色标设置颜色，效果如图7-1-6所示。

图 7-1-6　设置瓶身颜色

（5）使用"钢笔工具"在酒瓶瓶颈适当添加锚点，配合"直接选择工具"进行位置的调整，如图7-1-7所示。使用"钢笔工具"绘制瓶颈形，并设置合适的渐变色，使得瓶颈的两侧颜色加深，中间颜色设置不透明度为0%，增加整个瓶颈的立体效果，如图7-1-8所示。

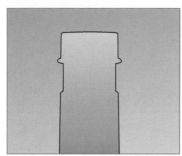

图 7-1-7　绘制瓶颈形

图 7-1-8　设置瓶颈渐变色

（6）使用"钢笔工具"再绘制出瓶盖的顶部图形，设置深色填充色，如图7-1-9所示；同样再绘制黑色的椭圆，放置于酒瓶的底部，如图7-1-10所示；再在瓶身的中间位置绘制多个曲线图形，并根据瓶身颜色设置渐变颜色，效果如图7-1-11所示。

图 7-1-9　绘制瓶盖顶部图形

图 7-1-10　绘制酒瓶底部图形

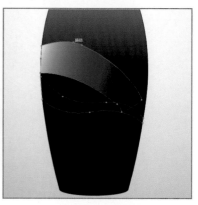

图 7-1-11　绘制瓶身曲线图形

（7）使用"钢笔工具"绘制出酒瓶瓶身和瓶颈位置的高光图形，设置合适的渐变颜色，如图7-1-12所示；执行菜单命令"效果 > 模糊 > 高斯模糊"，在弹出的对话框中设置参数，单击【确定】按钮，如图7-1-13所示。

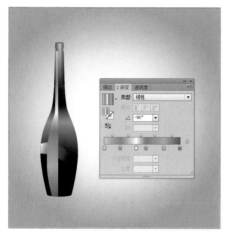

图 7-1-12　绘制酒瓶高光图形

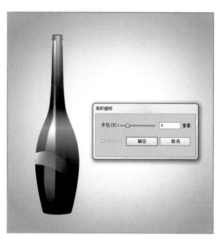

图 7-1-13　设置模糊效果

（8）使用"椭圆工具"或快捷键L在瓶身绘制一个椭圆形，设置合适的渐变色，如图7-1-14所示；右键单击刚创建的椭圆形，执行"排列 > 后移一层"命令，调整图形至高光图形的下方，加强整个瓶身的立体效果。

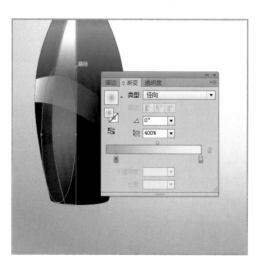

图 7-1-14　在瓶身创建椭圆形

（9）使用"钢笔工具"绘制出瓶口位置多个曲线图形和路径，设置合适的填充色及描边色，如图7-1-15所示；在瓶盖处使用"矩形工具"绘制填充色为白色的矩形框，后执行菜单命令"效果 > 模糊>高斯模糊"，在弹出的对话框中设置参数，单击【确定】按钮，如图7-1-16所示。

图 7-1-15　绘制瓶口曲线图形和路径　　　　　　　图 7-1-16　绘制白色矩形框

（10）使用"文字工具"或快捷键 T 在酒瓶中间位置单击鼠标左键输入所需要的文字，设置合适的字体样式及字体参数，设置填充色为白色；执行菜单命令"效果>变形>弧形"命令，设置相应的参数值，如图7-1-17所示。选中刚创建的文字，执行菜单命令"对象>扩展外观"，再执行"对象>扩展"，将文字转换为路径，设置文字合适的渐变色，如图7-1-18所示。

图 7-1-17　输入瓶身文字　　　　　　　　　图 7-1-18　将文字转换为路径

（11）选择文字形，使用菜单命令"编辑>复制""编辑>贴在后面"或快捷键Ctrl+C、Ctrl+B，在其下面原位复制出一个文字形，调整填充色为蓝色，向右下方轻微移动，形成错位立体效果，如图7-1-19所示；用同样的方法进行其他装饰文字的设计，如图7-1-20所示。

图 7-1-19　设置文字立体效果　　　　　　　图 7-1-20　瓶身文字最终效果

（12）将填充色设置为无色，描边色设置为白色，使用"钢笔工具"绘制一条曲线，在选项栏调节它的粗细为0.5pt，如图7-1-21所示；选中刚创建的曲线，使用"旋转工具"或快捷键R，按住Alt点击曲线的一端（以这一端点作为中心），在弹出的对话框中设置旋转的角度为15°，点击【复制】选项，Ctrl+D多次执行此命令，使曲线围绕成一圈，如图7-1-22所示。

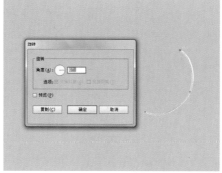

图 7-1-21　绘制白色曲线　　　　　　　　图 7-1-22　复制白色曲线围绕成一圈

（13）使用"选择工具"选择刚刚设计的图形，使用快捷键Ctrl+G对整体进行编组，将其缩小放置于瓶身上，在选项栏降低其不透明度至90%作为装饰，如图7-1-23所示；选中瓶身，使用菜单命令"编辑 > 复制""编辑 > 贴在前面"或快捷键Ctrl+C、Ctrl+B，在其上面原位复制出瓶身形，使用"镜像工具"按住Shift垂直拖动鼠标将其倒转，如图7-1-24所示。

图 7-1-23　装饰瓶身　　　　　　　　　　图 7-1-24　复制瓶身形

（14）使用"橡皮擦工具"并按住Alt，擦除文档页面之外瓶身的部分，并填充相应的渐变色，设置酒瓶的倒影，如图7-1-25所示；将酒瓶及倒影全部选中并编组，按住Alt复制并调整大小，与之前的酒瓶呼应完成整个设计，如图7-1-26所示。

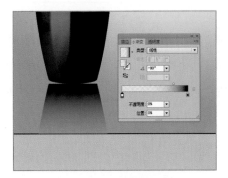

图 7-1-25　设置倒影渐变色

图 7-1-26　与之前的酒瓶呼应

【案例2】绘制手机效果图

（1）使用菜单命令"文件 > 新建"或快捷键Ctrl+N，建立一个A4大小的文档，如图7-1-27所示。使用"圆角矩形工具"绘制一个圆角矩形，设置合适的圆角半径，在选项栏设置描边大小为2pt，如图7-1-28所示。

图7-1-27　建立空白文档

图7-1-28　绘制圆角矩形

（2）选择圆角矩形，在工具栏底部将其切换为渐变模式，在"渐变"调板中设置类型为【线性】，点击鼠标左键添加渐变色标并设置其颜色，使用"渐变工具"或快捷键G拖动鼠标调整渐变颜色，如图7-1-29及图7-1-30所示，这里着重调整线性渐变两端的效果。

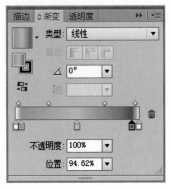

图 7-1-29　设置渐变颜色

图 7-1-30　设置完成效果

（3）在选中圆角矩形的状态下，使用菜单命令"编辑 > 复制"、"编辑 > 贴在后面"或快捷键Ctrl+C、Ctrl+F，在其上面原位复制出一个形，默认复制出的形处于选择状态，按住Alt+Shift拖角进行中心点等比缩放，大小如图7-1-31所示；把渐变颜色调整为70%的黑色，并在选项栏加粗其描边，如图7-1-32所示。

图 7-1-31 原位复制新形

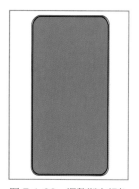

图 7-1-32 调整渐变颜色

（4）再次使用"圆角矩形工具"绘制一个无填充色、描边色为黑色的圆角矩形，描边的粗细要比之前的圆角矩形粗一些，并适当向下移动位置，如图7-1-33所示。

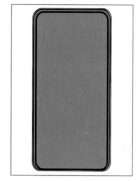

图 7-1-33 绘制新的圆角矩形

（5）选中三个圆角矩形的同时，使用菜单"对象 > 隐藏"或快捷键Ctrl+3对其进行隐藏；使用"钢笔工具"绘制手机左边条框，大致形态如图7-1-34和图7-1-35所示；在工具栏底部将其切换为渐变模式并调整颜色，如图7-1-36所示。

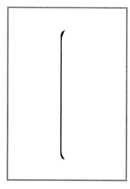

图 7-1-34 绘制左边条框

图 7-1-35 左边条框局部

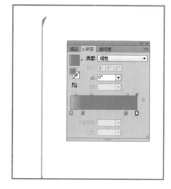

图 7-1-36 调整左边条框颜色

（6）使用菜单命令"对象 > 显示全部"或快捷键Ctrl+Alt+3显示刚才隐藏的圆角矩形，将钢笔绘制的手机左边条框置于合适的位置，使用右键菜单"对象 > 排列"调整图形顺序，如图7-1-37所示；选中这个左边条框，双击"镜像工具"，在弹出的对话框中选择【垂直】轴，点击【复制】，制作右边条框，如图7-1-38所示；最后调整其位置，如图7-1-39所示。

图 7-1-37　调整左边条框位置　　　图 7-1-38　垂直复制左边条框　　　图 7-1-39　调整右边条框位置

（7）使用"钢笔工具"绘制手机上面的细边条，并调整成相应的渐变色，如图7-1-40所示；移动其位置到手机上边框，如图7-1-41所示；使用同样的方法，再次使用"镜像工具"对其进行水平方向的复制，制作下面的细条框，调整位置如图7-1-42所示。这里增加四个渐变边条框的主要目的是增加手机整体的质感。

图 7-1-40　绘制上边框细条　　　图 7-1-41　调整上边框细条位置　　　图 7-1-42　边条框完成效果

（8）使用"矩形工具"绘制一个小的矩形边框，将其设置成渐变色并适当调整其位置，作为手机的边框按键，如图7-1-43所示；选中矩形边框按住Alt拖动鼠标复制出另外三个按键，调整其大小并放置于手机左右两侧，如图7-1-44所示。

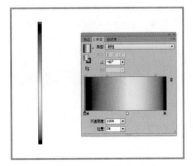 

图 7-1-43　绘制边框按键　　　　　图 7-1-44　边框按键完成效果

（9）填充色设置为白色，描边色设为无色，使用"矩形工具"绘制一个比手机外边框稍大的矩形边框，执行菜单命令"对象 > 创建渐变网格"，如图7-1-45所示；使用"套索工具"选取部分网格点以及与其相对应的颜色，如图7-1-46所示；使用"网格工具"对进行网格点添加删除、移动操作以及颜色的改变，这是一个细致耐心调整的过程，最终手机屏幕效果如图7-1-47所示。

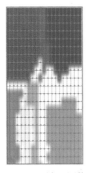

图 7-1-45 创建渐变网格　　图 7-1-46 选取网格点　　图 7-1-47 手机屏幕完成效果

（10）复制手机上的黑色边框，使用右键菜单"排列 > 置于顶层"将其放置于刚制作的手机屏幕上层，如图7-1-48所示；选择两者，执行菜单命令"对象 > 剪切蒙版"或快捷键Ctrl+7，为手机屏幕创建剪切蒙版，效果如图7-1-49所示。

图 7-1-48 放置新图像　图 7-1-49 创建剪切蒙版

（11）使用"圆角矩形工具"建立一个填充为黑色无描边的圆角矩形，选择"橡皮擦工具"配合Alt擦除一个矩形区域，如图7-1-50所示；再次使用"圆角矩形工具"建立一个填充为不透明度90%黑色无描边的窄条圆角矩形，放置于黑色圆角矩形之上，如图7-1-51所示。

图 7-1-50 擦除矩形区域　图 7-1-51 绘制圆角矩形

（12）使用"椭圆工具"配合Shift绘制一个正圆，设置灰色到黑色的线性渐变色，并调整渐变角度，如图7-1-52所示；再次使用"椭圆工具"绘制一个正圆，适当缩小放置于之前的正圆之上，改变其渐变角度，如图7-1-53所示；使用"椭圆工具"绘制两个大小不同的椭圆，设置蓝色到无色的径向渐变色，将其放置于手机镜头之上形成高光效果，如图7-1-54所示。

图 7-1-52　绘制正圆形

图 7-1-53　两个正圆重叠

图 7-1-54　镜头完成效果

（13）选择镜头整体，执行菜单命令"对象 > 编组"或快捷键Ctrl+G进行编组，将其放置于前屏幕条之上，如图7-1-55所示；将整体放置于屏幕之上，然后使用"矩形工具"绘制四个深灰色小方形放置于手机的两边边框模拟切割的感觉，如图7-1-56所示；再使用"矩形工具"绘制填充色为不透明度10%黑色的长矩形，放置于手机下端模拟充电口，如图7-1-57所示。

图 7-1-55　对镜头整体编组

图 7-1-56　模拟切割感觉　　　　图 7-1-57　模拟充电口

（14）最后使用"文字工具"设计出手机显示的时间、日期等文字内容，适当调整位置完成全部手机设计，最终效果如图7-1-58所示。

图 7-1-58　最终完成效果

【案例3】绘制数码相机效果图

（1）使用菜单命令"文件 > 新建"或快捷键Ctrl+N，建立一个名为"数码相机广告设计"的A4大小的文档，如图7-1-59所示。使用"矩形工具"建立与画板大小一致的矩形框，在工具栏底部将其切换为渐变模式，在"渐变"调板中设置类型为【线性】，点击鼠标左键添加渐变色标并设置其颜色，使用"渐变工具"或快捷键G拖动鼠标调整渐变颜色，如图7-1-60所示。

图 7-1-59　新建空白文档

图 7-1-60　建立矩形框

（2）使用"星形工具"，配合Alt+shift拖动鼠标绘制正五角星，将其填充色设置为淡蓝色，如图7-1-61所示。

图 7-1-61　绘制正五角星

（3）选择刚创建的淡蓝色五角星，执行菜单命令"对象＞路径＞偏移路径"，在对话框设置"位移"为－4mm，如图7-1-62所示；选中偏移路径的星形，设置其填充色为白色，如图7-1-63所示。使用同样的方法，执行多次"偏移路径"的命令，并分别填充颜色，最终效果如图7-1-64所示。

图 7-1-62　执行"偏移路径"命令

图 7-1-63　设置星形填充色

图 7-1-64　多次执行命令后效果

（4）选择页面中所有的星形，使用菜单命令"对象 > 编组"或快捷键Ctrl+G进行编组，在选项栏设置其不透明度为80%，如图7-1-65所示。

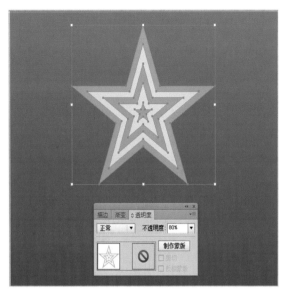

图 7-1-65　选择所有星形并编组

（5）选择五角星，按住Alt移动复制出多个副本，分别调整各个副本的位置、大小和透明度，如图7-1-66所示。

（6）使用"矩形工具"建立与视图大小等大的矩形框，并选中它和其他所有的星形，执行菜单命令"对象 > 剪切蒙版"或快捷键Ctrl+7，为星形添加剪切蒙版，最终效果如图7-1-67所示。

图 7-1-66　调整多个副本位置、大小和透明度

图 7-1-67　添加剪切蒙版后的效果

（7）使用"钢笔工具"或快捷键P绘制数码相机的外轮廓，设置填充色为灰色，如图7-1-68所示；为相机边缘绘制细节图形，增加相机的立体感，如图7-1-69所示。

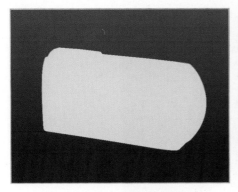

图 7-1-68　绘制相机外轮廓

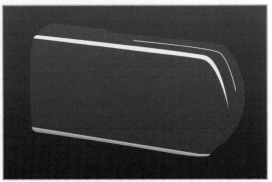

图 7-1-69　绘制边缘细节图形

（8）使用"钢笔工具"绘制数码相机右侧图形，填充色为灰色。选中这个图形，使用菜单命令"窗口＞透明度"或快捷键Ctrl+Shift+F10调出"透明度"调板，设置其混合模式为【正面叠底】，如图7-1-70所示；使用"钢笔工具"在相机右侧绘制其余的部分，如图7-1-71所示。

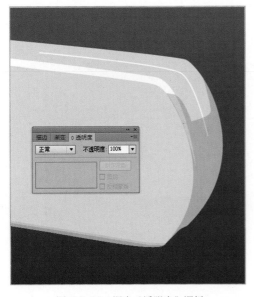

图 7-1-70　调出"透明度"调板

图 7-1-71　绘制相机右侧其余部分

（9）使用"钢笔工具"在相机右侧绘制填充色为深灰色线条，如图7-1-72所示。

图 7-1-72 绘制深灰色线条

（10）使用"圆角矩形工具"绘制相机正面的装饰部分，并设置填充色为灰色，选择"自由变换工具"或快捷键E，按住Ctrl拖动鼠标，对其进行变形调整，如图7-1-73所示。选择刚刚绘制的灰色图形，按住Alt拖动鼠标复制，适当缩小并设置为浅灰色，如图7-1-74所示。

图 7-1-73 绘制正面装饰

图 7-1-74 复制生成浅灰色图形

（11）选中复制的圆角矩形，使用菜单命令"编辑>复制""编辑>贴在前面"或快捷键Ctrl+C、Ctrl+F，在其上面原位复制出新图形。使用菜单命令"窗口>色板"调出色板，单击调板底部左下角的【"色板库"菜单】按钮，在弹出的菜单中选择"图案>基本图形>基本图形-纹理"，在新弹出的调板选中【USGS 8污水处理】图标，为图形添加纹理效果，如图7-1-75所示。

图 7-1-75 添加"污水处理"纹理效果

（12）使用"圆角矩形工具"，绘制填充色为黑色的小圆角矩形，使用"自由变换工具"，按住Ctrl拖动鼠标，进行变形调整，如图7-1-76所示。选择刚刚绘制的黑色图形，按住Alt进行拖动复制，向右上方稍微移动调整图形位置，设置填充色为灰色，如图7-1-77所示。

图 7-1-76 绘制小圆角矩形

图 7-1-77 拖动复制新图形

（13）选中灰色圆角矩形，使用菜单命令"编辑 > 复制""编辑 > 贴在前面"，在其上面原位复制出新图形，并调整其大小位置，设置填充色为浅灰色，如图 7-1-78 所示；再次复制浅灰色圆角矩形，调整大小及位置。使用菜单命令"窗口 > 色板"调出色板，单击调板底部左下角的【"色板库"菜单】按钮，在弹出的菜单中选择【图案 > 基本图形 > 基本图形 - 纹理】，在新弹出的调板选中【USGS　7 葡萄园】图标，为图形添加纹理效果，在选项栏设置其不透明度为 80%，如图 7-1-79 所示。

图 7-1-78　原位复制新图形

图 7-1-79　添加"葡萄园"纹理效果

（14）选择刚创建的浅灰色圆角矩形，使用菜单命令"编辑 > 复制""编辑 > 贴在前面"，在其上面原位复制出新图形，用同样的方法在弹出的菜单中选择【图案 > 基本图形 > 基本线条 - 图形】中的【波浪形细线】，为图形添加线条效果，在选项栏设置其不透明度为 40%，如图 7-1-80 所示。

图 7-1-80　添加线条效果

（15）使用"椭圆工具"绘制相机摄像头底部的图形，适当调整位置，设置填充色为深灰色，如图7-1-81所示；使用菜单命令"编辑 > 复制""编辑 > 贴在前面"，在其上面原位复制出新图形，设置填充色为浅灰色，适当缩小并调整位置，如图7-1-82所示。

图 7-1-81　绘制摄像头底部图形

图 7-1-82　原位复制新图形

（16）选择浅灰色的椭圆，向外复制多个堆叠的椭圆形，模拟摄像头变焦头部分，椭圆形向外逐层减小，颜色逐层加深，如图7-1-83所示；使用"椭圆工具"绘制摄像头镜头顶部图形，复制这个图形后等比缩小并改变填充颜色，如图7-1-84所示。为增强整个摄像头的立体效果，使用"钢笔工具"为摄像头绘制阴影和高光等细节，并设置颜色，如图7-1-85所示。

图 7-1-83　复制椭圆形

图 7-1-84　绘制镜头顶部图形

图 7-1-85　绘制细节

（17）使用"钢笔工具"为摄像头前面的镜片绘制一些小的细节，适当降低其不透明度，并使用菜单命令"对象 > 编组"或快捷键Ctrl+G对整体的摄像头图形编组，如图7-1-86所示。继续使用"钢笔工具"在数码相机左上角绘制装饰图形，如图7-1-87及图7-1-88所示。

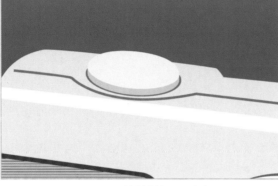
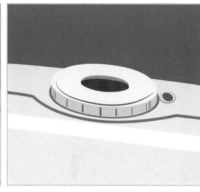

图 7-1-86 绘制细节并编组　　　　图 7-1-87 绘制装饰图形（1）　　　　图 7-1-88 绘制装饰图形（2）

（18）使用"文本工具"在页面中输入文本96 x，选中文本，双击"倾斜工具"，在对话框中设置【倾斜角度】为-10°，点击【确定】，如图7-1-89所示。保持文本的选中状态，双击"旋转工具"，在对话框中设置【角度】为-10°，将选择的文本进行旋转，如图7-1-90所示。

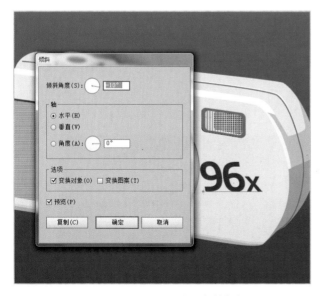
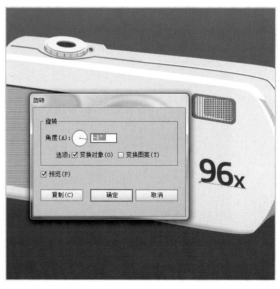

图 7-1-89 设置倾斜角度　　　　　　　　图 7-1-90 旋转文字

179

（19）按住Alt向左上方拖动复制文本，并设置填充色为浅灰色，如图7-1-91所示。

图 7-1-91　拖动复制文本

（20）使用"圆角矩形"和"钢笔工具"绘制标志图形，并分别填充橘黄色及深蓝色，如图7-1-92所示；使用"文本工具"输入广告语，如图7-1-93所示。

图 7-1-92　绘制标志图形

图 7-1-93　输入广告语

（21）使用"文本工具"再次输入其他文字，并设置相应颜色，使用"选择工具"在框外将文字旋转一定角度，如图7-1-94所示。

图7-1-94　输入其他文字

（22）使用"钢笔工具"绘制两个黄色的装饰图形并调整位置，使用右键菜单命令"排列"分别放置于刚设计的文字下面，如图7-1-95所示；执行菜单命令"对象＞显示全部"或快捷键Ctrl+Alt+3，显示前面设计的全部图形，完成整体设计，最终效果如图7-1-96所示。

图7-1-95　绘制装饰图形

图7-1-96　最终效果

7.2 创意特效设计

通过图形的绘制、2维和3维的组合、操作命令的综合运用，我们可以制作很多创意合成、特效图像、视觉效果。本节对于更深入理解软件核心功能，提高软件运用水平有很大作用。

【案例】

【案例1】绘制立体特效文字

（1）使用菜单命令"文件 > 新建"或快捷键Ctrl+N新建一个空白文档，将新文档命名为"立体特效文字"，并调整纸张大小，如图7-2-1所示。使用"矩形工具"或快捷键M绘制一个与空白文档大小相同的矩形，在工具栏底部将其切换为渐变模式，在"渐变"调板中设置类型为【径向】，选择渐变色标设置颜色为白色和浅绿色，如图7-2-2所示。

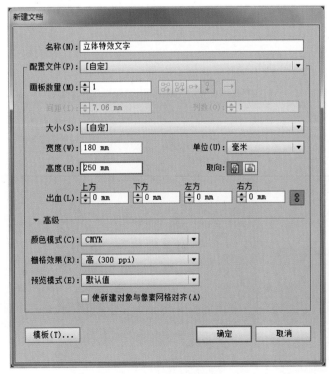

图 7-2-1　新建空白文档

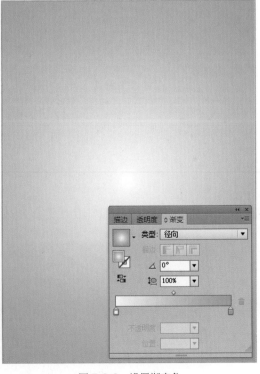

图 7-2-2　设置渐变色

（2）使用"文字工具"输入文字，设置字体、大小与颜色。这里要注意输入的每一个文字要单独成段，方便之后的设置，如图7-2-3所示；选中最上面的文字，设置填充色为绿色，执行菜单命令"效果 > 3D > 凸出和斜角"，在弹出的对话框中设置参数，如图7-2-4所示；使用同样方法对其他文字进行设置，如图7-2-5所示。

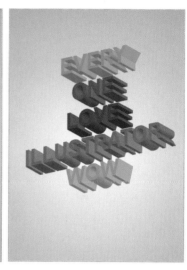

图 7-2-3　输入文字　　　　　　图 7-2-4　设置文字效果　　　　　图 7-2-5　设置完成效果

（3）选中最上面的文字，使用菜单命令"编辑 > 复制""编辑 > 贴在前面"或快捷键Ctrl+C、Ctrl+F，在其上面原位复制出新文字，执行菜单命令"窗口 > 外观"调出调板，设置【凸出厚度】选项为0pt，如图7-2-6所示。

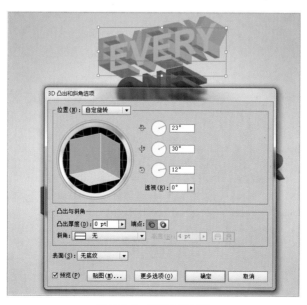

图 7-2-6　设置凸出厚度

（4）选中刚刚调整过的文字设置其填充色为浅绿色，再次执行菜单命令"编辑 > 复制""编辑 > 贴在前面"原位复制该文字，对新复制的文字执行菜单命令"效果 > 模糊 > 高斯模糊"，在弹出的对话框中设置模糊半径，如图7-2-7所示。

图 7-2-7　设置高斯模糊效果

（5）选中刚刚设置"高斯模糊"的文字，使用菜单命令"窗口 > 透明度"，在调板中调整其"混合模式"为【叠加】，如图7-2-8所示。将设置好的文字与后面文字图层全部选中，使其覆盖于3维文字的表面，如图7-2-9所示。

图 7-2-8　调整混合模式

图 7-2-9　覆盖3维文字表面

（6）使用同样的方法，制作其他字体，最终效果如图7-2-10所示。

图 7-2-10 字体最终效果

（7）接下来创建装饰图形。选择"多边形工具"，在画面中单击鼠标左键，在弹出的对话框中设置多边形参数，绘制出一个三角形，如图7-2-11所示。使用"选择工具"选中三角形，调整三角形缩放比例，如图7-2-12所示。在工具栏底部将其切换为渐变模式，在"渐变"调板中设置"类型"为【线性】，设置渐变色标为浅红色到粉红色。使用"渐变工具"拖动鼠标，调节渐变的位置与角度，如图7-2-13所示。

图 7-2-11 设置多边形参数

图 7-2-12 调整三角形缩放比例

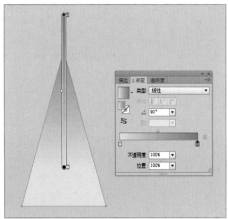

图 7-2-13 设置渐变类型和渐变色

（8）选择三角形，使用"镜像工具"或快捷键O，按住Alt在三角形的底边点击鼠标左键（以底边作为镜像轴），在弹出的对话框中选择水平轴，点击【复制】，如图7-2-14所示。在"渐变"调板中将新复制出的三角形的渐变类型改为【径向】，如图7-2-15所示。

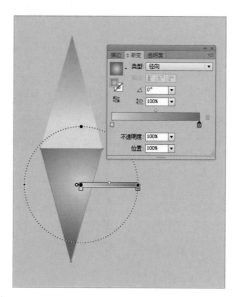

图 7-2-14　水平复制三角形

图 7-2-15　改为渐变类型

（9）选择上面的三角形，按住Alt水平拖动鼠标进行复制，使用"直接选择工具"调整锚点位置，并调整渐变效果，如图7-2-16所示；使用同样的方法，制作下方左侧三角形，如图7-2-17所示；最后适当调整各个三角形锚点的位置，使用菜单命令"对象>编组"或快捷键Ctrl+G将全部三角形编组，如图7-2-18所示。

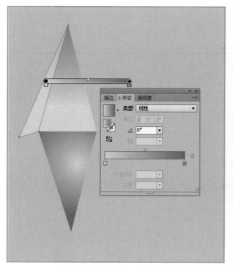

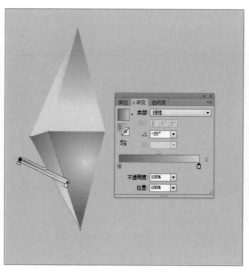

图 7-2-16　调整锚点位置

图 7-2-17　制作下方三角形

图 7-2-18　将全部三角形编组

（10）选择编组后的图形按住Alt拖动鼠标进行复制，使用"选择工具"修改复制出的多个编组图形大小，并在"渐变"调板调整渐变色，如图7-2-19～图7-2-21所示。

图 7-2-19　复制编组图形

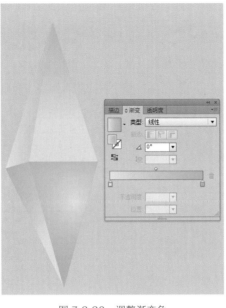

图 7-2-20　调整渐变色

图 7-2-21　完成效果

（11）设置填充色为白色，使用"钢笔工具"绘制路径，使用菜单命令"编辑 > 复制""编辑 > 贴在前面"或快捷键Ctrl+C、Ctrl+F，在其上面原位复制出一个新图形，如图7-2-22所示。默认复制出的图形处于选择状态，按住Alt ＋ Shift拖角进行中心点等比缩放，制作中心小图形，调整其不透明度为0%，如图7-2-23所示。将两个图形全部选中，双击"混合工具"，在对话框中设置【间距】选项为指定的步数，设置完成选择【确定】，使用快捷键Ctrl+Alt+B创建混合效果，如图7-2-24所示。

图 7-2-22　绘制路径

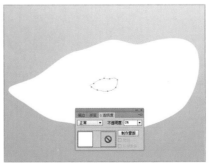

图 7-2-23　原位复制新图形

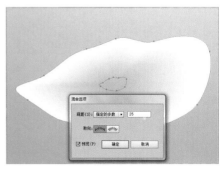

图 7-2-24　设置指定步数

（12）复制刚创建的图形，使其分布于页面中不同的位置并调整图形的叠放顺序，如图7-2-25所示；使用菜单命令"窗口 > 画笔"调出"画笔"调板，单击调板底部的【画笔库菜单】按钮，在弹出的菜单中选择"装饰 > 散布 > 装饰"，点击【气泡】图案，将其放置于调板中，如图7-2-26所示。

图 7-2-25　复制新图形

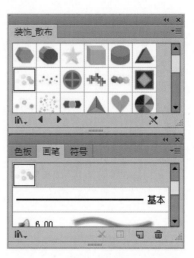

图 7-2-26　将气泡图案放置于调板中

（13）双击"画笔"调板中的气泡图案，弹出的【散点画笔选项】对话框中设置相应的选项和数值，如图7-2-27所示。使用"画笔工具"在适当的位置绘制气泡图案，并调整其大小，如图7-2-28所示。

图 7-2-27　设置相应选项和数值

图 7-2-28　绘制气泡图案

（14）设置填充色为白色，使用"椭圆工具"或快捷键L，按住左键拖动鼠标（加按Shift保证等比）绘制正圆，执行菜单命令"效果 > 模糊 > 高斯模糊"，在弹出的对话框中设置【半径】为70像素，如图7-2-29所示；最后适当调整页面中各个图形的位置及大小，完成设计，最终效果如图7-2-30所示。

图 7-2-29 绘制正圆

图 7-2-30 最终完成效果

【案例2】绘制扁平化创意设计

（1）使用菜单命令"文件 > 新建"或快捷键Ctrl+N新建空白文档，在弹出的对话框将文档命名为"扁平化创意设计"，并调整纸张大小，如图7-2-31所示。使用"矩形工具"或快捷键M绘制一个与画板大小相同的矩形，在工具栏底部将其切换为渐变模式，在"渐变"调板中设置类型为【径向】，选择渐变色标设置颜色为白色和浅灰色，如图7-2-32所示。

图 7-2-31 新建空白文档

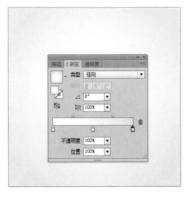

图 7-2-32 绘制矩形

（2）使用"多边形工具"，在文档中单击鼠标左键，在弹出的对话框中设置半径和边数，绘制三角形，如图7-2-33所示。使用"钢笔工具"或快捷键P，在三角形的底边添加一个锚点，按Ctrl将"钢笔工具"变为"直接选择工具"，选择并移动这个锚点到合适位置，如图7-2-34所示。

图 7-2-33　绘制三角形

图 7-2-34　选择并移动锚点

（3）使用"选择工具"选中刚创建的图形，将填充色设为无色，描边色设为黑色，在选项栏设置描边粗细为0.25pt。选择图形，向下移动的同时按住Alt进行复制（加按Shift保持垂直方向），执行Ctrl+D可以复制多个图形，即可得到如图7-2-35所示的效果。选择所有图形，执行菜单命令"窗口 > 路径查找器"或快捷键Ctrl+Shift+F9，选择调板中的【分割】选项，使用"直接选择工具"或快捷键A，删除多余部分，留下的部分如图7-2-36所示。

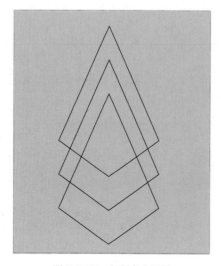

图 7-2-35　复制多个图形

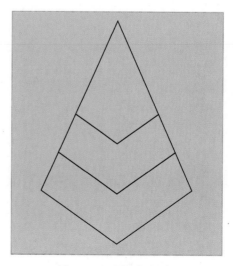

图 7-2-36　删除多余部分

（4）为新形成的三个图形填充不同的颜色，设置描边色为无色，如图7-2-37所示。使用"矩形工具"创建一个新的矩形，使其一边对齐刚创建的图形的中间位置，使用右键菜单命令"对象 > 排列 > 置于底层"将其置于底层，如图7-2-38所示。

图 7-2-37　填充不同颜色

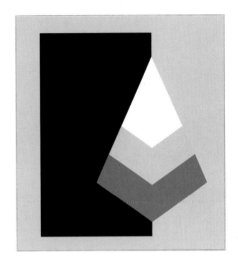

图 7-2-38　绘制新矩形

（5）选择全部的图形，执行菜单命令"窗口 > 路径查找器"，选择调板中的【分割】选项，将小山图形分成两半，使用"直接选择工具"删除多余的部分，如图7-2-39所示；使用"直接选择工具"选择小山左半部分的3个图形，使用菜单命令"对象 > 编组"将它们编组，使用菜单命令"编辑 > 复制""编辑 > 贴在前面"或快捷键Ctrl+C、Ctrl+F，在其上面原位复制出一个图形，并在"路径查找器"调板中点击【联集】选项，将其合成为一个单独的图形，如图7-2-40所示。

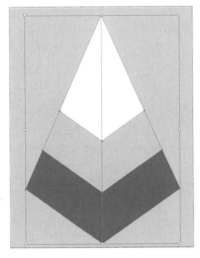

图 7-2-39　将图形分成两半

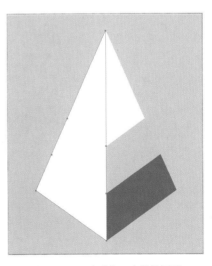

图 7-2-40　合成为一个单独图形

（6）设置新合成的图形的填充色为黑色，在选项栏调节其不透明度为30%，模拟阴影效果，如图7-2-41所示；复制小山组合图形，更改为不同的颜色，效果如图7-2-42和图7-2-43所示。

图 7-2-41　模拟阴影效果

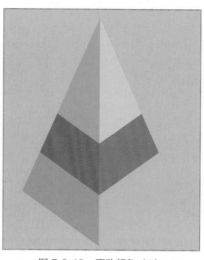

图 7-2-42　更改颜色（1）

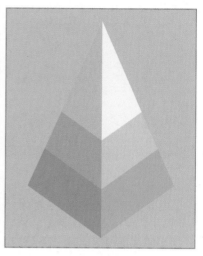

图 7-2-43　更改颜色（2）

（7）复制刚创建的小山，将左半部分的阴影区域选中删除，将填充色设为无色，描边色设为黑色，使用"矩形工具"绘制一个矩形，使用"选择工具"按Shift旋转45°，使用"直接选择工具"适当调整锚点的位置，如图7-2-44所示；选中小山和黑色矩形，执行菜单命令"窗口 > 路径查找器"，选择调板中的【分割】选项，使用"直接选择工具"删除多余部分，如图7-2-45所示。使用"直接选择工具"选择上面刚被分割的图形，设置填充色为浅红色，如图7-2-46所示。

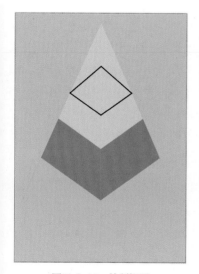

图 7-2-44　绘制矩形

图 7-2-45　删除多余部分

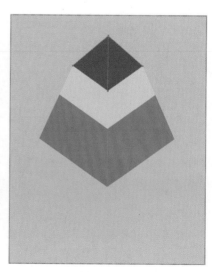

图 7-2-46　设置填充色

（8）选择浅红色部分，使用菜单命令"编辑 > 复制""编辑 > 贴在前面"，在其上面原位复制出一个图形，默认复制出的图形处于选择状态，按住Alt＋Shift拖角进行中心点等比缩小，制作内部小图形，修改其填充色为深红色，如图7-2-47所示。

图 7-2-47　制作内部小图形

（9）选择深红色矩形，使用菜单命令"编辑 > 复制""编辑 > 贴在前面"，在其上面原位复制出一个新图形，使用"直接选择工具"将左侧的两个锚点选中同时向右侧适当移动，并修改成更深的颜色，如图7-2-48所示。再次修改小山下部分的颜色，如图7-2-49所示。

图 7-2-48　原位复制新图形

图 7-2-49　再次修改颜色

（10）使用"直接选择工具"选择这个小山左半部分的3个图形，使用菜单命令"对象 > 编组"对其进行编组，使用菜单命令"编辑 > 复制""编辑 > 贴在前面"，在其上面原位复制出一个新图形，并执行菜单命令"窗口 > 路径查找器"，选择调板中的【联集】选项，将其变为一个单独的图形，并将其填充色设为黑色在选项栏设置其不透明度为50%，如图7-2-50所示。

图 7-2-50　设置单独图形

（11）将刚制作的不同颜色、不同形状的小山图形，进行简单的排列与组合，使其模拟山峰造型，效果如图7-2-51所示；使用"钢笔工具"在山峰组下绘制一个底座，设置填充色为土黄色，如图7-2-52所示；使用上面提到的方法，复制底座左边地面，将其填充色设为褐色，并在选项栏降低其不透明度为30%，如图7-2-53所示。

图 7-2-51　排列组合图形

图 7-2-52　绘制底座

图 7-2-53　设置底座颜色

（12）适当调整每个山峰的大小，使之形成层次和变化，如图7-2-54所示；使用"椭圆工具"绘制椭圆形，使用"橡皮擦工具"，按住Alt框选删除一部分，模拟山洞口形状，如图7-2-55所示。

图 7-2-54　调整山峰大小

图 7-2-55　模拟山洞洞口

（13）使用"直接选择工具"调整其透视、位置及颜色，复制两个放置于小山合适的位置，如图7-2-56所示。使用"钢笔工具"绘制两个山洞洞口间的公路，设置填充色为亮红色，再绘制公路间的虚线，设置填充色为亮黄色，如图7-2-57所示。

图 7-2-56　绘制并调整颜色

图 7-2-57　绘制公路和虚线

（14）复制多个山峰并调整大小，放置于底座的附近，如图7-2-58所示；选择"椭圆工具"或快捷键L，按住左键拖动鼠标（加按Shift保证等比）绘制正圆，将填充色设为黑色；使用"网格工具"在圆形中心单击鼠标，将十字点设置为白色，产生一个类似径向渐变的效果，如图7-2-59所示。使用"网格工具"在十字形的网格线上再单击几次鼠标，设置十字点为黑色，缩小白色的范围，效果如图7-2-60所示。

图 7-2-58　复制并调整大小

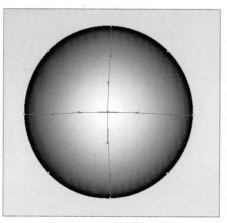
图 7-2-59　产生径向渐变效果

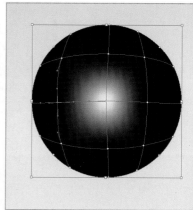
图 7-2-60　缩小白色范围

（15）使用"自由变换工具"改变圆形的形态，这里要控制好白色部分的形态，可以配合"直接选择工具"单独对锚点进行调整，大致效果如图7-2-61所示；选择这个不规则形，按住Shift将其旋转90°，放置于火山口位置上，使用菜单命令"窗口 > 透明度"调出"透明度"调板，将"混合模式"改为【滤色】，不规则形会模拟烟雾效果，如图7-2-62所示。

图 7-2-61　控制白色部分形态

图 7-2-62　模拟烟雾效果

（16）制作氢气球。使用"椭圆工具"和"矩形工具"分别绘制一个正圆形和一个矩形，适当调整位置，如图7-2-63所示；执行菜单命令"窗口 > 路径查找器"，选择调板中的【联集】选项，将两者合并；再使用"椭圆工具"绘制两个大小一致的椭圆形，对称放置于矩形两侧，如图7-2-64所示；再执行"路径查找器"命令，选择调板中的【相减】选项，如图7-2-65所示；使用"直接选择工具"适当调整锚点位置，设置填充色为深红色，得到一个简单气球造型，如图7-2-66所示。

图 7-2-63　绘制正圆形和矩形

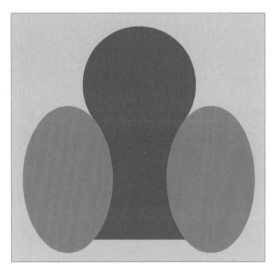

图 7-2-64　绘制对称椭圆形

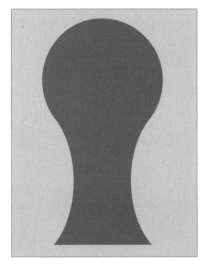

图 7-2-65　执行【相减】选项

图 7-2-66　适当调整锚点位置

（17）使用"钢笔工具"绘制折线，设置描边色为粉色，并在选项栏调整描边粗细，如图7-2-67所示；向下移动的同时按住Alt进行复制，执行Ctrl+D命令复制多个，模拟花纹，再复制之前制作的气球，如图7-2-68所示。选择花纹形，使用右键菜单命令"排列 > 置于底层"将花纹放置于复制气球的下层，选择气球和花纹，执行菜单命令"对象 > 剪切蒙版 > 建立"，如图7-2-69所示。

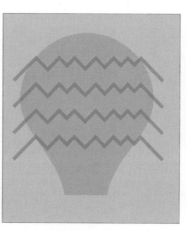
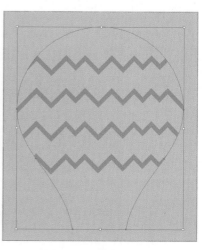

图 7-2-67 绘制折线　　　　　图 7-2-68 模拟花纹　　　　　图 7-2-69 建立剪切蒙版

（18）使用"矩形工具"绘制一个矩形，设置填充色为黑色，将其移动至气球图层下层一半的位置，将两者全部选中，执行右键菜单命令"建立剪切蒙版"，如图7-2-70所示；选中刚创建的半个黑色气球，在选项栏降低其不透明度为15%，再将气球、花纹图形以及半个黑色气球按照从下到上的顺序依次罗列，如图7-2-71所示。

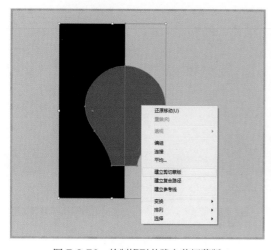

图 7-2-70 绘制矩形并建立剪切蒙版　　　　　图 7-2-71 排列图形顺序

（19）使用"直线段工具"按住Shift垂直拖动鼠标绘制一条竖线，选择竖线，横向移动的同时按住Alt进行复制（加按Shift保持水平），执行Ctrl+D复制多个竖线，如图7-2-72所示；使用"直接选择工具"加按Shift，选择所有竖线底部端点，执行菜单命令"对象 > 路径 > 平均"，弹出对话框中选择【垂直】选项，如图7-2-73所示。

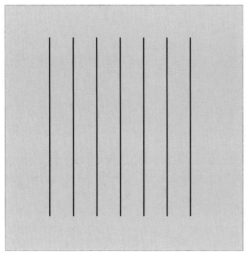

图 7-2-72　复制多个竖线

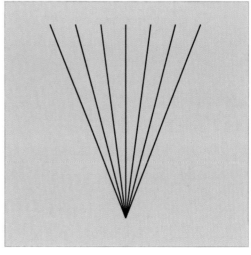

图 7-2-73　选择竖线底部端点

（20）使用"直线段工具"捕捉直线上端锚点绘制一条水平线，选择所有线段，设置描边色为棕色，如图7-2-74所示；使用"圆角矩形工具"绘制圆角矩形，设置填充色为红色，使用"直接选择工具"调整圆角矩形底部的锚点位置，如图7-2-75所示。

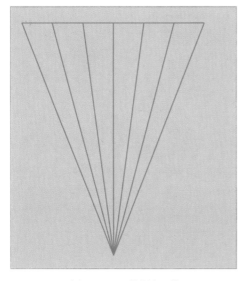

图 7-2-74　绘制水平线

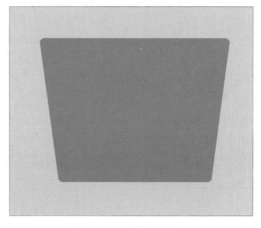

图 7-2-75　调整锚点位置

（21）使用"矩形工具"绘制三个长矩形，设置填充色为黄色，使用"直接选择工具"适当调整锚点位置，使其附着于刚创建的圆角矩形之上，如图7-2-76所示。再使用"圆角矩形"工具绘制圆角矩形，设置填充色为深红色，如图7-2-77所示。使用黑色矩形框对新创建的图形执行"建立剪切蒙版"命令，适当降低其不透明度，如图7-2-78所示。

图 7-2-76　绘制长矩形　　　　图 7-2-77　绘制圆角矩形　　　　图 7-2-78　建立剪切蒙版

（22）调整各个图形大小和位置，组合完成氢气球图形设计，如图7-2-79所示；将完成的氢气球图形放置于之前的群山设计之中，复制并适当调整位置及大小，完成整个设计，最终效果如图7-2-80所示。

图 7-2-79　组合完成氢气球图形设计　　　　图 7-2-80　最终完成效果

第8章

综合设计

本章知识点：画形工具、变换工具、渐变工具、效果菜单等。

学习目标：了解海报、DM传单等平面印刷品的绘制方法与技巧。

本章将综合运用多种命令，制作海报类平面印刷品，提高读者综合运用软件的能力。

【案例】

【案例】绘制海报印刷品效果

（1）使用菜单命令"文件 > 新建"或快捷键Ctrl+N新建一个空白文档，在弹出的对话框中将文档命名为"海报设计"，设置大小为A4，出血为3mm，如图8-1所示。

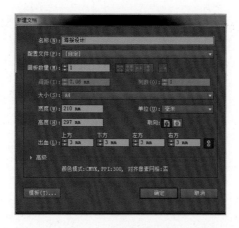

图8-1　新建空白文档

（2）使用"矩形工具"或快捷键M，按住左键拖动鼠标绘制与画布大小相同的矩形，设置填充色为黄色，如图8-2所示。

图8-2　绘制新矩形

（3）使用"矩形工具"在文档中单击鼠标左键，在弹出对话框中设置宽、高数值为70mm，在页面中绘制出一个正方形，如图8-3所示。将正方形移动到参考线坐标为（0，0）位置处，设置相应的填充色，如图8-4所示。使用"选择工具"或快捷键V，选择正方形，移动的同时按住Alt复制八个等大的正方形，分别设置填充色，如图8-5所示。将外围的七个正方形拉伸到出血位置，如图8-6所示。

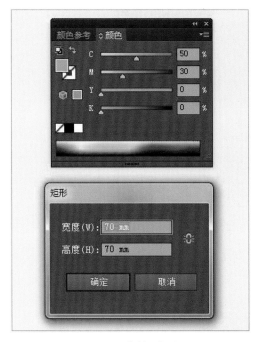

图 8-3　绘制正方形

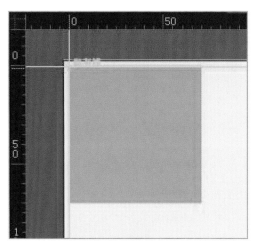

图 8-4　移动正方形

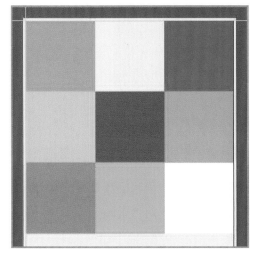

图 8-5　移动并复制正方形

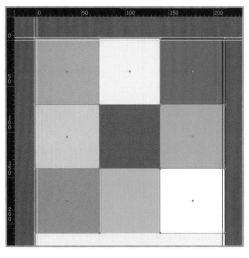

图 8-6　拉伸到出血位置

（4）使用"矩形工具"在任意位置单击鼠标左键，绘制三个宽、高数值为35mm的矩形，设置填充色并移动到合适位置，如图8-7所示。

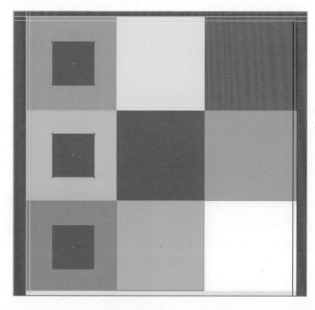

图8-7　绘制三个正方形

（5）选择最下方正方形，执行菜单命令"效果 > 3D > 旋转"，在对话框中设置相应参数，如图8-8所示。

图8-8　设置相应参数

（6）选择最上方正方形，移动的同时按住Alt复制一个等大的正方形放在右侧，如图8-9所示。选择右侧正方形，使用"自由变换工具"或快捷键E，按住Ctrl拖边进行倾斜变化。使用同样方法变形左侧正方形，如图8-10所示。将变形后的右侧图形向上复制一个，如图8-11所示。对新复制的图形使用"直接选择工具"调节锚点位置，将三个图形拼接成一个立方体，如图8-12所示。选择左侧图形，使用菜单命令"窗口 > 渐变"或快捷键Ctrl+F9调出"渐变"调板，点击鼠标左键添加渐变色标，设置深灰到浅灰的线性渐变。使用"渐变工具"或快捷键G，拖动鼠标调整渐变的位置与角度，如图8-13所示。使用同样方法制作另外两个图形的渐变，完成整个立方体的渐变调色，如图8-14所示。

图 8-9　复制正方形

图 8-10　正方形变形

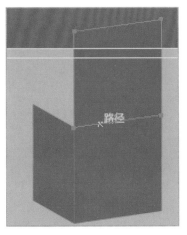

图 8-11　向上复制图形

图 8-12　拼接成立方体

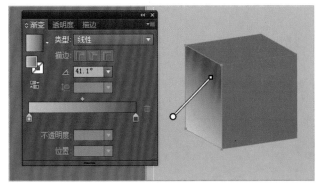

图 8-13　调整渐变位置与角度

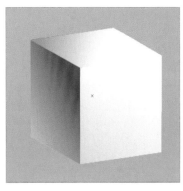

图 8-14　完成整个立方体的渐变调色

（7）使用"矩形工具"按住左键拖动鼠标（加按Shift保持等比）绘制小正方形，设置填充色。选择这个小方形，移动的同时按住Alt进行复制，如图8-15所示。双击"混合工具"，在弹出的对话框中设置参数，如图8-16所示。依次点击左右两个小方形建立混合，如图8-17所示。选择混合后的图形向下移动，同时按住Alt复制（加按shift保持垂直），执行Ctrl+D再次复制四次，效果如图8-18所示。执行菜单命令"窗口 > 对齐"或Shift+F7调出"对齐"调板，将最下一行的混合图形向下移动，选中全部混合图形点击【垂直居中分布】选项，如图8-19所示。选择全部混合后的图形，执行菜单命令"对象 > 扩展"，形成全部小正方形均匀分布的效果，如图8-20所示。执行菜单命令"窗口 > 路径查找器"或快捷键Ctrl+Shift+F9，选择调板中的【联集】选项，将全部小正方形组成一个整体图形，如图8-21所示。同时选中小正方形和下方粉色正方形，使用"对齐"调板先点击底部形，以底部为基准进行水平与垂直中心对齐，如图8-22所示。

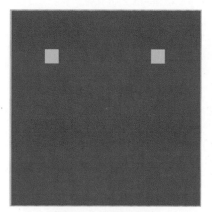

图 8-15　复制小方形

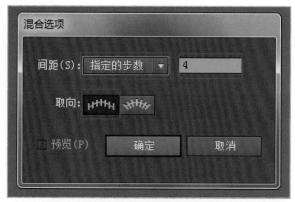

图 8-16　设置参数

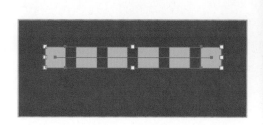

图 8-17　建立混合

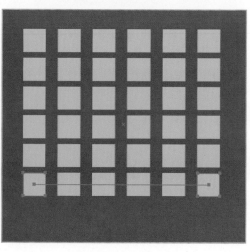

图 8-18　移动并复制

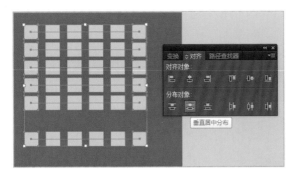

图 8-19 设置垂直居中分布

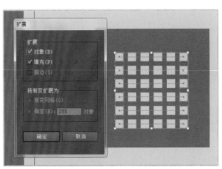

图 8-20 形成均匀分布效果

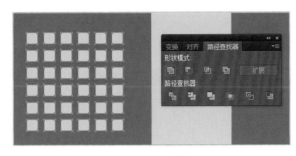

图 8-21 组成整体图形

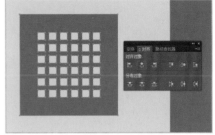

图 8-22 设置水平与垂直中心对齐

（8）使用"椭圆工具"或快捷键L，按住左键拖动鼠标（加按Shift保持等比）绘制正圆。选择正圆向下移动的同时按住Alt复制出两个，设置填充色，如图8-23所示。使用"矩形工具"在圆形上方绘制一个填充色为黄色的细长矩形，并使用"对齐"调板与下方正圆进行水平居中对齐，如图8-24所示。选中细长矩形后使用"旋转工具"或快捷键R，按住Alt点击圆心（以圆心为旋转中心），在弹出的对话框中设置参数，点击【复制】，如图8-25所示。使用Ctrl+D再次旋转复制一周，最终效果如图8-26所示。

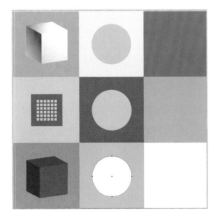

图 8-23 绘制并复制正圆

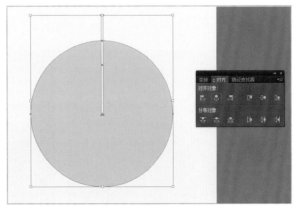

图 8-24 绘制细长矩形

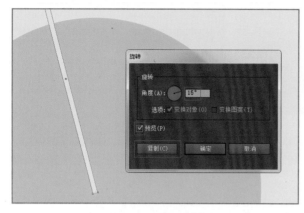
图 8-25　设置旋转角度

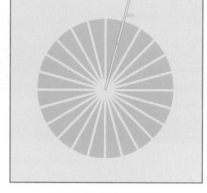
图 8-26　旋转复制一周

（9）选择白色圆形，使用"网格工具"或快捷键U，在圆形内部点击鼠标左键添加十字点，如图8-27所示。多次点击鼠标添加多个十字点，按住Shift让十字点沿着弧线进行移动调整网格的形状，如图8-28所示。为十字点设置相应的颜色，生成一个立体的球体，如图8-29所示。

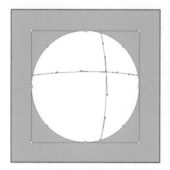
图 8-27　添加十字点

图 8-28　添加多个十字点

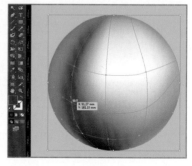
图 8-29　设置十字点颜色

（10）复制制作好的球体图形，将其移动到青色圆形之上对齐，如图8-30所示。使用菜单命令"窗口＞透明度"或Ctrl+Shift+F10调出"透明度"面板，选择【正片叠底】选项，如图8-31所示。

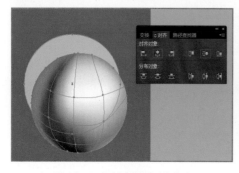
图 8-30　复制球体图形并移动

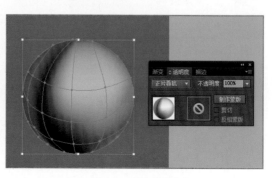
图 8-31　设置正片叠底

（11）使用"矩形工具"按住左键拖动鼠标（加按Shift保持等比）绘制正方形，设置合适的填充色。使用"椭圆工具"用同样的方法绘制正圆，将两个图形使用"对齐"调板进行中心对齐，如图8-32所示。选择两个图形后执行菜单命令"窗口 > 路径查找器"，选择调板中的【差集】选项，得到镂空图形，如图8-33所示。选择镂空图形，执行菜单命令"效果 > 3D > 凸出和斜角"，在弹出对话框中设置相应参数，如图8-34所示。

图 8-32　中心对齐图形

图 8-33　生成镂空图形

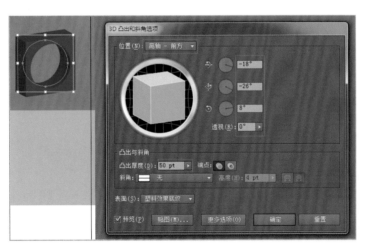

图 8-34　设置相应参数

（12）将刚绘制好的立体图形复制一个到下方，执行菜单命令"对象 > 扩展外观"，使用"直接选择工具"选择左侧面，按照前面提到的方法使用"渐变"调板和"渐变工具"制作黑白渐变效果，如图8-35所示。

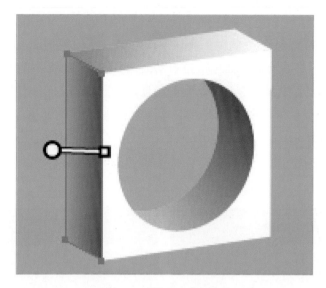

图 8-35　制作黑白渐变效果

（13）使用"矩形工具"绘制出正方形，设置填充色为无色，执行菜单命令"窗口＞描边"或快捷键Ctrl+ F10调出"描边"面板，设置粗细，勾选【虚线】选项，设置为8pt，如图8-36所示。使用"文字工具"或快捷键T，输入问号，设置相应颜色，如图8-37所示。执行菜单命令"对象＞扩展外观"，复制一个问号并改变填充色为深色，如图8-38所示。使用右键菜单"排列＞后移一层"，将深色问号移动到下方，如图8-39所示。双击"混合工具"，在弹出的对话框设置间距和取向，如图8-40所示。使用"混合工具"依次点击两个问号形成立体效果，如图8-41所示。对混合后的图形执行菜单命令"对象＞扩展外观"，使用"直接选择工具"选择最上方问号并改为浅色，如图8-42所示。

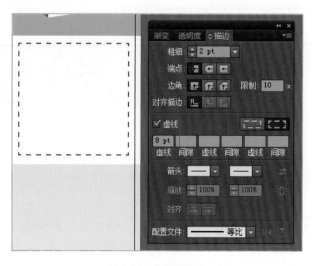

图 8-36　绘制正方形

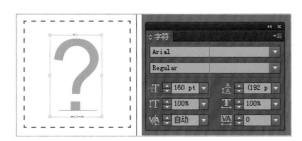

图 8-37　输入问号并设置格式

图 8-38　复制并改变填充色

图 8-39　向后移动一层

图 8-40　设置间距和取向

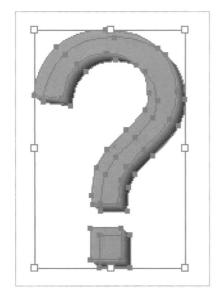

图 8-41　形成立体效果

图 8-42　更改颜色

（14）使用"文字工具"在画布中单击鼠标左键输入文字，设置填充色为黑色，如图8-43所示。使用"字符"调板将汉字"您"变换字体并且放大，选中文字，执行菜单命令"对象＞扩展"将文字变为路径，如图8-44所示。将图片素材置入到文档中，在选项栏选择【嵌入】，如图8-45所示。使用右键菜单"排列＞后移一层"，将图片移动到文字下方，选中图片和文字，执行右键菜单命令"建立剪切蒙版"或快捷键Ctrl+7，如图8-46所示，创建剪切蒙版后效果如图8-47所示。

图 8-43　输入文字

图 8-44　将文字变为路径

图 8-45　置入素材

图 8-46　创建剪切蒙版

图 8-47　完成效果

（15）使用"文字工具"输入其他文字，如图8-48所示。

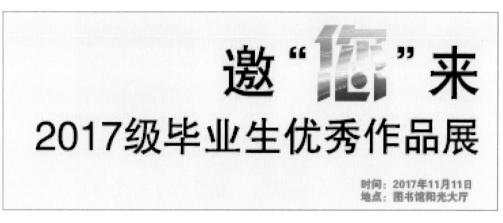

图 8-48 输入其他文字

（16）设置填充色为粉色，使用"直排文字工具"，如图8-49所示，单击鼠标左键输入文字，如图8-50所示。选择文字，执行菜单命令"对象＞扩展"将文字变为路径，使用"矩形工具"绘制出一个长方形，设置填充色，同时选择文字和长方形，执行菜单命令"窗口＞路径查找器"，选择调板中的【差集】选项，如图8-51所示。

图8-49 直排文字工具　　　图8-50 输入文字　　　图8-51 执行差集后效果

（17）完成海报设计，最终效果如图8-52所示。

图 8-52　最终效果图

附录
Illustrator高频快捷键

＊所有快捷键在英文输入模式下有效。

文档、视图、撤销相关

文件>新建：Ctrl+N
文件>打开：Ctrl+O
文件>存储：Ctrl+S
画板工具：Shift+O

视图>轮廓：Ctrl+Y
视图>标尺：Ctrl+R
缩放工具：Ctrl+"+"；Ctrl+"－"
移动视图：按住空格拖动鼠标

编辑>还原：Ctrl+Z
编辑>重做：Ctrl+Shift+ Z

选择、绘制、变换相关

选择工具：V
直接选择工具：A
魔棒工具：Y
对象>编组：Ctrl+G
对象>取消编组：Ctrl+Shift+G
窗口>对齐与分布：Shift+F7
窗口>路径查找器：Ctrl+Shift+F9
窗口>透明度：Ctrl+Shift+F10

对象>锁定：Ctrl+2
对象>解锁：Ctrl+Alt+2
编辑>复制：Ctrl+C
编辑>贴在前面：Ctrl+F
编辑>贴在后面：Ctrl+B

矩形工具：M
椭圆工具：L
钢笔工具：P
渐变工具：G
混合工具：W
网格工具：U

旋转工具：R
镜像工具：O
比例缩放工具：S
自由变换工具：E

对象>剪切蒙版>建立：Ctrl+7

文字相关

文字工具：T
字号：Ctrl+Shift+","/"。"
行间距：Alt+"↑／↓"
字间距：Alt+"←／→"
基线偏移：Ctrl+Shift+Alt+"↑／↓"

参考文献

[1] 李东博.中文版IllustratorCS2完全攻略.[M].北京：中国电力出版社，2006.

[2] 李金蓉.IllustratorCS5设计与制作深度剖析.[M].北京：清华大学出版社，2012.

[3] 穆思睿.IllustratorCS5中文版案例教程.[M].北京：高等教育出版社，2012.

[4] 赵君韬，李晓艳.矢量的力量——Illustrator创作启示录.[M].北京：清华大学出版社，2014.